我的迷你
苔藓微景观
慢生活工坊　编著
U0320071
福建科学技术出版社
FUJIAN SCIENCE & TECHNOLOGY PUBLISHING HOUSE

图书在版编目（CIP）数据

我的迷你苔藓微景观 / 慢生活工坊编. —福州：福建科学技术出版社，2016.3（2019.4重印）

ISBN 978-7-5335-4935-0

Ⅰ.①我… Ⅱ.①慢… Ⅲ.①苔藓植物－盆景－观赏园艺 Ⅳ.①S688.1

中国版本图书馆CIP数据核字（2016）第017178号

书　　名	**我的迷你苔藓微景观**
编　　者	慢生活工坊
出版发行	海峡出版发行集团 福建科学技术出版社
社　　址	福州市东水路76号（邮编350001）
网　　址	www.fjstp.com
经　　销	福建新华发行（集团）有限责任公司
印　　刷	天津画中画印刷有限公司
开　　本	700毫米×1000毫米　1/16
印　　张	10
图　　文	160码
版　　次	2016年3月第1版
印　　次	2019年4月第2次印刷
书　　号	ISBN 978-7-5335-4935-0
定　　价	45.00元

前言

苔藓微景观是近几年才流行起来的新新绿色环保装饰摆件，你可以根据自己的爱好摆放各种小玩偶到微景观中，也可以挑选你喜好的花草树木进行栽种。与传统的盆栽花卉绿植相比，苔藓微景观在外形上小巧迷你可爱；在制作难度上，只要掌握一定的技巧，也能手到擒来；在健康环保上，因为可以挑选各种适合的小容器，所以也为环保献出一份力；在生活意义上，苔藓微景观因为迷人的外形，可以在节假日中送给亲朋好友。苔藓微景观会给你的生活带来各种意想不到的惊喜，所以一起开启苔藓微景观制作之旅吧。

本书开头为您介绍苔藓微景观的发展、功能以及生活中常见的苔藓种类，接着介绍微景观能用到的常见植物和常用的玩偶，同时还为您介绍了五种不失败的设计法则，让您能顺利完成苔藓微景观的制作，在准备好工具、土壤之后，就可以开始动手制作了。最后三章用大量的实物图片介绍苔藓微景观的制作过程，让你一步一个脚印，制作出精美的苔藓微景观。

参加本书编写的包括：李倪、张爽、易娟、杨伟、李红、胡文涛、樊媛超、张严芳、檀辛琳、廖江衡、赵丹华、戴珍、范志芳、赵海玉、罗树梅、周梦颖、郑丽珍、陈炜、郑瑞然、刘琳琳、楚晶晶、惠文婧、赵道强、袁劲草、钟叶青、周文卿等。由于作者水平有限，书中难免有疏漏之处，恳请广大读者朋友给予批评指正 。若读者有技术或其他问题可通过邮箱 xzhd2008@sina.com 和我们联系。

Chapter 01

了解“苔藓微景观”从零开始

Chapter 02

“苔藓微景观”植物介绍

Chapter 01

了解『苔藓微景观』从零开始

苔藓微景观是以绿色苔藓植物为主体，搭配相近环境下生长的观叶植物以及精致的玩偶所制成的生态微缩景观。生态环保，装饰性强，是一种新型的桌面盆栽及装饰物。

Section 01
苔藓微景观从何而来

微景观的起源和发展

微景观最早起源于国外，直到近几年才流入国内。日本人推崇“无苔不成园”，他们喜欢将青苔与植物巧妙地组合在一起，给人以舒适、轻松、静雅的感觉，这在盆景、建筑和园林中都被广泛运用。而欧美国家则喜欢在微景观中放入玩偶和多元化的配件，比起日本，他们更注重微景观的写实性和故事性。而微景观到了中国，将苔藓与玩偶结合在一起，以微缩精致的造景表达了对绿意的向往，深受大家的喜爱。

苔藓微景观的功能

作为一种纯手工打造的景观，苔藓微景观不仅具有很好的装饰功能，而且还能使人在欣赏或亲自制作的过程中减缓压力，获得良好的心情。苔藓微景观的功能主要包括装饰、减压和赠送三个方面。

装饰点缀生活

现在上班族都想把自己的办公桌布置得很漂亮，但不知道该选择何种装饰物。其实，苔藓微景观就是一个很好的选择。苔藓微景观收容了多种不同风格与姿态的物件，摆放在书房、办公桌、茶几等地方，美观大方，装饰效果很好。

减压愉悦身心

苔藓微景观外表美丽，尤其是景观里漂亮的绿植和可爱的装饰物，在辛苦工作时随便瞥上几眼，就能很好地缓解压力与疲劳。如果有空闲时间，还可以自己动手制作，在手工制作中充分享受苔藓微景观带来的愉悦感，减轻压力，释放身心。

赠送脱俗清新

苔藓微景观体型不是太大，而且具有较高的欣赏性，因此还可以作为礼物赠送给亲朋好友。尤其是自己亲手制作出的盆景，不仅美观，而且带有自己最真诚的心意。比起买来的礼物，赠送苔藓微景观更有新意。

Section 02 了解苔藓

自然界的拓荒者

许多苔藓植物都能够分泌一种液体，这种液体可以缓慢地溶解岩石表面，加速岩石的风化，促成土壤的形成，所以苔藓植物也是其他植物生长的开路先锋。

最低等的高等植物

苔藓是陆地植物中最原始的植物，也是最低等的高等植物，它不是用种子繁殖，而是用孢子来繁殖，其结构很简单，没有维管束和真正的根。

蓄水保土的生态功能

苔藓植物作为自然界拓荒者，可生活于沙碛、荒漠、冻原地带及裸露的石面或新断裂的岩层上，生长过程中分泌出酸性物质，促使土壤分化，为其他高等植物创造了土壤条件；可作监测空气污染程度的指示植物。苔藓植物一般都有很大的吸水能力，尤其是当密集丛生时，其吸水量高时可达植物体干重的 15 ~ 20 倍，而其蒸发量却只有净水表面的 1/5，因此在防止水土流失上起着重要的作用。

丰富的药用资源，独特的治疗效果

我国古代就有苔藓植物用药的记载，大致有以下几种功效：清热解毒，镇定安神止血、消炎，清心明目。我国苔藓植物资源十分丰富，据报道有 2 600 余种，但目前临床和民间作为药用的苔藓植物种类仅 57 种。随着科技的进步，相信我国苔藓学家在医药学方面的研究将会更加深入。

特殊的园林植物，广泛的绿化应用

由于苔藓植物一年四季常青，可和其他草本、木本植物组合成观赏性景观，也可自成景观，所以苔藓植物作为观赏性植物常应用于园林建设中。另外苔藓植物具有保水性，在新鲜花卉苗木运输过程中还被用来包裹花卉苗木根部，以防止根部水分丧失，保证花卉苗木成活；还可用作肥料及增加沙土的吸水力，如泥炭藓已大量应用于名贵花卉兰花的培植。

Section 03
苔藓的种类

会发荧光的“怪金”——光藓

Schistostega pennata 光藓科光藓属

光藓之所以被称为“发光的藓类”，经研究认为与发达的原丝体对光纤的折射有关，但光藓植物叶细胞是否具有特殊的荧光素，仍是未解之谜。光藓喜潮湿阴暗，常见山地洞穴、悬崖石缝和倒树根下。植物体很小，高仅 4 ~ 8 毫米，叶片薄膜状，透明，无中肋，具不明显分化边缘；叶细胞菱形或长六边形，薄壁，雌雄异株，雌雄生殖枝常生长在同一个原丝体上；蒴柄细长，长 3 ~ 4 毫米，孢蒴阔卵形或近球形，基部宽，口部小，略扭曲。 光藓分布于日本的本州以北地区、欧洲和北美，在中国尚未发现。

补充知识

光藓生长的环境，岩石多为酸性或由其他形成的砂岩。目前光藓已被列为中国的濒危苔藓植物红色名录，加以重点保护。

结构最复杂的苔藓植物——金发藓

Polytrichaceae 金发藓科金发藓属

藓纲金发藓亚纲金发藓目的代表种，一年或多年生植物，通常土生。大形、粗壮至小形，直立，一般硬挺，绿色、褐绿色至红棕色，湿时叶片伸展，似松杉幼苗，干燥时叶片紧贴、伸展、略卷或强烈卷曲；植物体高数厘米至数十厘米。茎有中轴的分化，基部有为数较多的红棕色假根。叶较硬挺，具多层细胞，细胞内常含有多数叶绿体。多数为雌雄异株，稀雌雄同株。雄株常略小，雄苞顶生，呈花盘状，有时于中央继续萌生新枝。雌株较大。

补充知识

远在 11 世纪中期，中国的《嘉祐本草》一书记载金发藓类植物（当时称之为“土马骏”）可用于清热解毒和利尿。在 19 世纪初期，欧洲人用金发藓类植物制作绳索和妇女的装饰品。50 年代从金发藓中提取出二羟谷氨酸，还分析出此种植物具皂素。

最原始的苔藓植物——藻藓

Takakia lepidozioides hatt. Et inoue 藻苔科藻苔属

藻苔是一种生长在水中的藻类植物，高约 0.5 ~ 1 厘米，主要特点为具直立茎和匍匐茎，叶片深裂为 2 ~ 4 个指状裂片，裂片为多细胞组成的圆柱形；颈卵器裸露，单个或 4 ~ 5 个簇生于茎上部的叶腋。具有苔藓植物性状，并具有近似藻类的特性，其中藻苔染色体 n=4，为现知陆生植物中的最低数。因此，藻藓类植物的发现被比拟为具有类似银杏和水杉等“活化石”的价值，可能是目前所发现的最原始的苔藓植物。多见于 1000 ~ 4000 米左右的高山湿润林地或具土岩面，呈明显间断分布，除日本外，尼泊尔、锡金、印度尼西亚、阿留申群岛和加拿大太平洋沿岸的夏洛特皇后群岛等多处有记录。

补充知识

藻苔科在生物分类学上是苔藓植物门苔纲的一个科，只有藻苔属一个属，其下有两个物种，即藻苔和角叶藻苔，来自北美洲西部及亚洲中、东部。长久以来，藻苔属一直都处于尚未确定的状态，直至其孢子体被发现，才确认乃苔藓类的一种。本科及本属的学名源自于日本植物学家高木典雄，因为他是最早发现藻苔属植物的人。

保水杀菌的沼泽藓类——泥炭藓

Herba Sphagni 泥炭藓科泥炭藓属

泥炭藓生于水湿环境及沼泽地带，四季均生长，适于高山带的湿冷环境。呈缠绕的团状，黄绿色或黄白色。湿润展平后，茎长 10 ～ 15 厘米，有 4 ～ 5 条丛生的分枝，茎生叶舌形，长 1.5 ～ 1.7 毫米，枝生叶瓢状卵形，较茎生叶稍大。孢子黄色。气微，味淡。泥炭藓类植物体吸水力强，储水能力是其他藓类数倍至数十倍，可用以铺苗床；消毒后可代药棉；植株死层形成之泥炭可作肥料及燃料。由泥炭藓和其他植物长期沉积后形成的泥炭，其 1 吨的燃料热量相当于 0.5 吨的煤。泥炭藓为分布最广而习见种。中国大部地区山地均有分布。除亚洲分布外，欧洲、美洲、大洋洲均有分布。

补充知识

泥炭藓可清热明目；止痒。主目生云翳；皮肤病；虫叮咬瘙痒。第一次世界大战时，因缺乏药棉，加拿大、英国、意大利等国曾利用泥炭藓类植物的吸水特性代替棉花制作敷料。泥炭藓可以杀菌，割伤时，可以用泥炭藓清理伤口来杀菌。

微景观最常用的苔藓——大灰藓

Hypnum plumaeforme 灰藓科藓属

大灰藓又名多形灰藓，植物体型大，春末夏季成熟，呈黄绿色或绿色，有时带褐色的藓类。茎匍匐生长，横切面圆形，皮层细胞厚壁，中部细胞较大，薄壁，中轴稍发育，红褐色；规则或不规则状的分枝平铺或倾立，扁平或近圆柱形；假鳞毛少数，黄绿色，丝状或披针形。茎叶基部不下延，阔椭圆形或近心脏形，渐上阔披针形，渐尖，尖端弯曲，上部有纵褶；叶缘平展，尖端具细齿。枝叶与茎叶同形，小于茎叶，阔披针形，中部细胞较短，在背腹面有时具角突，雌雄异株。广泛分布于我国南北各省区，以及朝鲜、俄罗斯、日本、菲律宾、越南和尼泊尔。

补充知识

多生长于阔叶林、针阔混交林、箭竹林、杜鹃林等腐木、树干、树基、岩面薄土、土壤、草地、砂土及黏土上。繁殖方式为孢子繁殖和配子体繁殖。

虫媒传播孢子的鲜艳苔藓——壶藓

Splachnum vasculosum linn. ex hedw. 壶藓科壶藓属

壶藓科植物，喜生于富氮土壤及动物粪便或遗体上，密集丛生或小片簇生，淡绿色或黄绿色。茎直立柔弱，横切面具大形中轴；不分枝或叉状分枝，常在茎顶端雌生殖苞下部生新枝。叶柔弱、质地薄，卵圆形或长椭圆形，先端钝或具短尖头，边缘具齿或平滑；中肋细长多不及顶。叶细胞大排列疏松，薄壁，长方形或六边形，角质层平滑。雌雄同株或异株。本科约 8 属，中国有 8 属，云南已知 5 属、9 种。

补充知识

壶藓科是苔藓植物中一个特殊的类群，依靠自身孢蒴鲜艳的颜色或分泌出特殊的气味的黏液，吸引昆虫前来进行孢粉传播。

特殊的苔类植物——角苔

Anthoceros punctatus L. 角苔科角苔属

角苔的叶状体小圆花状，柔软，淡绿色或绿色，叉形分瓣呈不规则圆形，直径仅 0.5 ~ 3 厘米，背面平滑，边缘常有不规则的缺刻或裂瓣，腹面有假根，无中肋。每个细胞内有一个大型绿色载色体。雌雄同株。精子器常 1 ~ 3 个隐生于叶状体内。假弹丝灰褐色，由 1 ~ 4 个细胞组成。角苔多产于热带、亚热带地区，生长在土表、田洼边。常见于中国的云南、东北部和香港。

补充知识

角苔在配子体和孢子体的构造上，与其他两个目有迥然不同的地方，如在细胞内有一个大型叶绿体，并在叶绿体上有一个蛋白核，精子器、颈卵器均埋于配子体中，孢子体基部成熟较晚，能在一定时期保持其具有分生能力，孢蒴中央有蒴轴，孢蒴壁上有气孔等。角苔的许多特性同其他苔类有很大的不同，所以现在将角苔单列一纲。

Section 04

苔藓的获得与养护

苔藓的获得

苔藓可以通过购买、户外采集和培育来获得。

购买

购买苔藓时，要挑选色彩鲜绿统一的，颜色枯黄暗淡的不要购买。

户外采集

苔藓在户外分布很广，在巷子的墙角处、道路旁的树皮上都能采集到，采集苔藓的时间最好选在雨后的 1 ~ 2 天，采集前带上小铲子和容器，将颜色鲜艳统一的苔藓整块采集装入容器内即可。

培育

苔藓的培育可采取穴栽法、片植法和断茎法。

片植法：此方法适用于一片片呈块状的苔藓，也是最为常用的方法。将呈块状的苔藓平铺于预先平整好的土地上，稍作镇压，使苔藓与种植土之间没有空隙，喷水稳定土壤。

平铺苔藓　　稍作镇压　　喷水稳定

穴栽法：准备好容器，将种植土置于其中。用镊子将一撮撮的苔藓间隔栽种在种植土中，再撒上一层种植土。最后，喷上充足水分，稳定土壤。

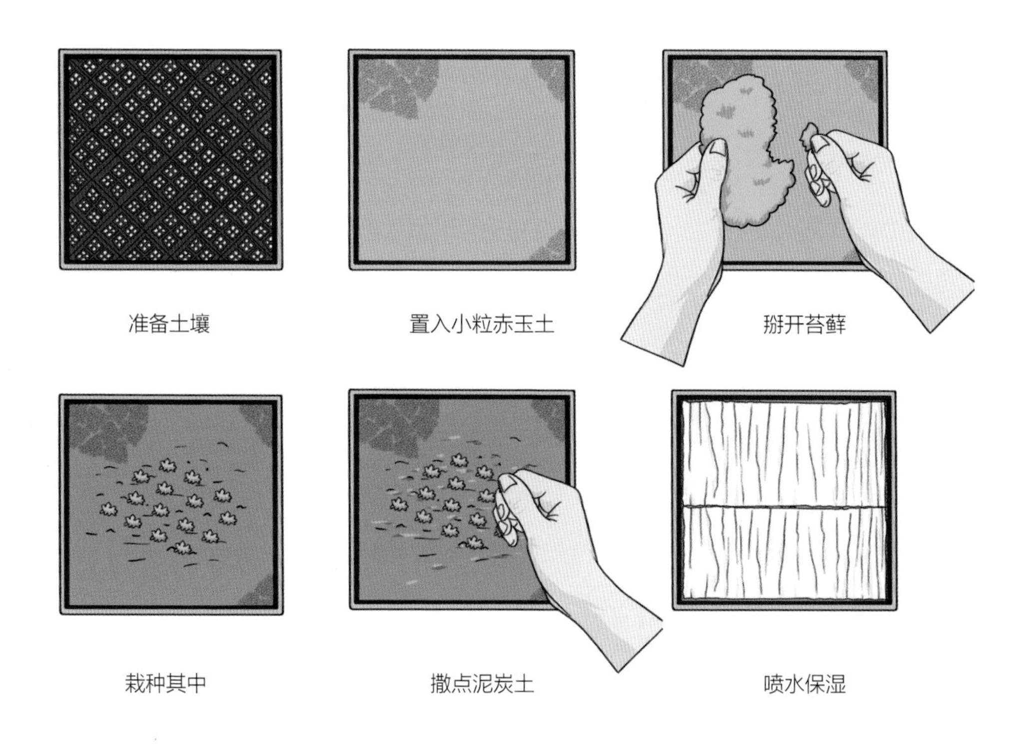

准备土壤　　置入小粒赤玉土　　掰开苔藓

栽种其中　　撒点泥炭土　　喷水保湿

断茎法：将苔藓切成细段或直接揉碎，均匀地撒在事先准备好的种植土中，注意不要相互重叠。在苔藓上再撒上一层细细的薄土。最后喷上充足水分。

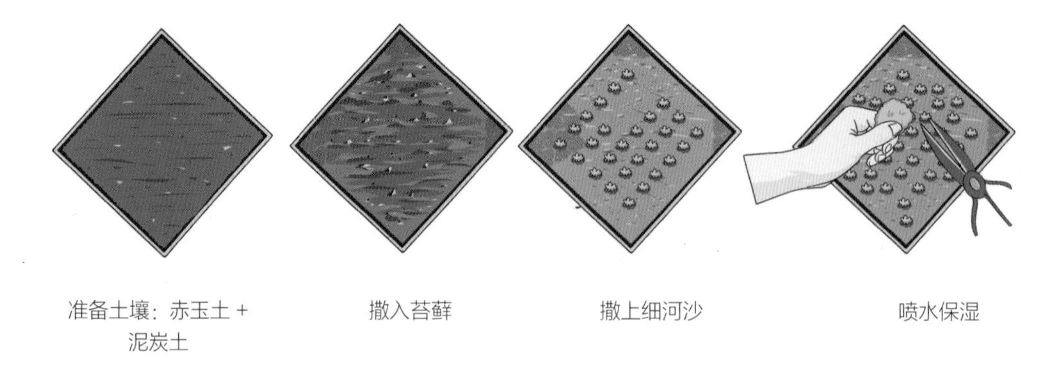

准备土壤：赤玉土 + 泥炭土

撒入苔藓

撒上细河沙

喷水保湿

苔藓的养护

温度

苔藓生长所适宜的温度要求其实并没有很苛刻，只要维持在 10 ~ 30℃之间即可。当夏、冬季节室内使用空调时，一定要避免直接被冷、暖风吹到。密闭空间内的苔藓，夏天时候可以适当多打开盖透气。

杀虫

由于苔藓与其他植物一样是生长在土里的，因此土下以及表层难免会有生虫的情况出现。即使前期您已经做过了杀虫处理，受植物生长环境所致，还是需要定期观察表面是否有虫，一旦发现，务必及时将虫剔除掉。

灭菌

苔藓的生长环境和菌类是一样的，因此霉菌的情况很难避免。一旦苔藓染上菌类，可能出现枯黄败死的现象，所以养护过程中灭菌环节不能忽略。多关心、多检查，千万不能等霉菌大面积爆发后再处理，发现时可以使用灭菌灵喷洒。

枝叶修剪

我们一般制作苔藓微景观时搭配的植物均为偏喜阴湿类的植物，所以平时都要注意保持土壤湿润。但是如果稍不注意，出现了枝叶发黄腐烂问题则需要适当修剪枝叶，及时清理掉瓶内腐烂枯萎的枝叶，防止影响其他健康植物的生长。

Section 05
苔藓微景观的循环系统

大自然中的苔藓植物生长于贫瘠的地形中，它能够保持土壤的湿度，并使营养物质在森林植被中反复循环。当我们在制作苔藓微景观时，可以把整个封闭容器内的苔藓、植物等作为一个小的世界，在这个世界中，由于苔藓自身的生命力很顽强，以及能够将养分水分循环利用的特点，所以我们只需要在制作初期给予一定的水分和养分，之后只要保持环境湿度和温度适宜，往往几个月甚至更久都不用去照顾微景观中的生物，而他们依旧能活得很好。

Chapter 02

『苔藓微景观』植物介绍

苔藓微景观在制作的过程中会为了布景需要而用到很多观叶植物，观叶植物的作用是为了丰富苔藓微景观，在选择上最好选择与苔藓生活习性相近的植物。

Section 01

网纹草属植物姿态轻盈，植株小巧玲珑，叶脉清晰，纹理匀称，在观叶植物中属小型盆栽植物，深受人们喜爱，是目前在欧美十分流行的盆栽小品种。

网纹草属

Fittonia

白天使网纹草
红艳网纹草
小火焰网纹草
彩霞网纹草

适温： 网纹草喜欢温暖的环境，生长适温为 18~24℃，冬季低于 13℃时停止生长，而气温低至 8℃时，更会使植物受冻死亡。

水分： 网纹草喜欢湿度较高的环境，在生长期和温度较高的夏季，除了要多浇水外，还要多向地面和叶面洒水来增加湿度，但要注意的是，盆土不能积水，否则易导致植物腐烂。

光照： 网纹草喜欢散射光的环境，夏季需要遮阴，避免阳光直射，遮光率在 50% ~ 60% 为宜，冬季除了正午适当遮阴外，其余时间可充分接受光照，雨雪天气则需要增加辅助光。

小火焰网纹草

Fittonia 'Flammule'

小火焰网纹草为矮生多年生草本植物，植株小巧玲珑，呈匍匐状，娇小的叶片对生，近似圆形，叶面深绿色，羽状分布的叶脉为砖红色，十分清晰。

喜半阴、高温、湿润的环境，忌强光直射，温度高于 32℃或低于 8℃时，植物会出现休眠状态。春秋季一般 4~7 天浇一次肥水，夏季一般 2~4 天浇一次，冬季减少浇肥水。植株易发生菜青虫和蚜虫的虫害，可用农地乐防治。

白天使网纹草

Fittonia verchaffeltii

多年生草本植物，植株低矮，茎枝、叶、叶柄和花梗均密被绒毛，单叶十字对生，卵形至椭圆形，叶面翠绿色，叶脉银白色。

红艳网纹草

Fittonia verschaffeltii 'Pearcei'

红网纹草为爵床科的多年生草本植物，呈匍匐状生长，原产于秘鲁及南美的热带雨林中，喜高温高湿及半阴的环境，红色叶脉十分清晰，小花黄色。

彩霞网纹草

Echeveria elegans 'Albicans'

叶片娇小，卵形或椭圆形，叶缘褶皱，叶片平展，叶面深绿色，叶脉砖红色，羽状分布，十分清晰，为主要观赏点。

养殖小贴士

网纹草浇水时必须小心。如果让盆土完全干掉，叶就会卷起来以及脱落；如果太湿，茎又容易腐烂。而网纹草的根系又较浅，所以等到表土干时就要再进行浇水，而且浇水的量要稍加控制，最好能让培养土稍微湿润即可。

袖珍椰子为棕榈科竹节椰属植物，又名矮生椰子、袖珍棕、袖珍葵、矮棕等，原产于墨西哥和危地马拉，非常适合作为室内中小型盆栽。

竹节椰属

Chamaedorea

袖珍椰子

适温： 袖珍椰子喜温暖的环境。生长适温 20~30℃，13℃时进入休眠期，冬季越冬气温应保持在 3℃以上。

水分： 袖珍椰子喜欢湿润的环境，浇水应做到宁湿勿干，盆土保持湿润。夏秋季空气干燥时，要经常向植株喷水，以提高环境的空气湿度。冬季应适当减少浇水量。

光照： 袖珍椰子喜欢半阴的环境，夏季高温时要适当遮阴，忌阳光直射，因为植物叶片在烈日下颜色会变淡或发黄，并会产生焦叶及黑斑，影响植株的观赏性。

袖珍椰子

Chamaedorea Elegans

袖珍椰子株高不超过 1 米，茎干细长直立，不分枝，深绿色，羽状复叶在茎的顶部生出，叶片宽披针形，形状类似镰刀，色泽深绿有光泽，肉穗状花序腋生，小花黄色，花期春季，果实卵圆形，橙红色或黄色。

袖珍椰子的培养基质可选择泥炭土、珍珠岩和陶粒的混合土，每 2~3 年春季换盆一次，在空气干燥、通风不良时植株易发生介壳虫害，可用氧化乐果喷洒防治。

Section 03

垂叶榕为桑科榕属的植物，又名垂榕、黄金垂榕等，分布于不丹、越南、菲律宾、印度、泰国、马来西亚等地，适合用来微景观造景布置。

榕属

Ficus

垂叶榕
斑叶垂榕

适温： 榕属植物耐热、喜欢温暖的环境，生长适温为23~32℃，同时也较为耐寒，能够短暂忍受0℃的低温。

水分： 喜湿润，耐湿也耐干旱，生长旺盛期应经常浇水，保持土壤湿润，并经常向叶面和空气周围喷水，冬季等到盆土干时再浇水，以免积水导致植物腐烂。

光照： 对光照的要求不是很严格，喜欢光照充分的环境，也耐阴，一般应放在光线明亮处，避免强光直射。日照不足会导致节间伸长，叶片垂软；充足的光照则使叶肉变厚，富有光泽。

垂叶榕

Ficus benjamina

垂叶榕为常绿乔木，枝叶下垂，叶片薄，卵圆形至椭圆形，先端渐尖，叶面光滑无毛，花朵黄色或红色，果实肾形，花果期8~11月。

垂叶榕的基质适合采用肥沃、疏松、排水性良好的沙质土壤，生长季节施肥可以每两周施一次液肥，肥料以氮肥为主，适当配合一些钾肥。繁殖可在4~6月进行扦插，小型盆栽宜每年4月换盆一次，大型盆栽可2~3年换盆一次。

斑叶垂榕

Ficus benjamina 'Variegata'

斑叶垂榕为常绿灌木或乔木，枝干易生气根，小枝弯垂，叶片互生，椭圆形，基部圆顿，先端渐尖，叶缘微波状，叶片浓绿有光泽，带有黄色或乳白色斑纹。

植物耐旱、耐湿、抗污染，可植成大树作绿荫树、行道树，幼株可作绿篱、盆栽。

Section 04

马齿苋属是马齿苋科下的一个属，一年生肉质草本植物，平卧或斜生草本植物，该属共有 200 种植物。

马齿苋属

Portulacaria

雅乐之舞
金枝玉叶

适温： 喜欢温暖的环境，不耐寒，生长适温为 15~23℃，冬季温度适宜控制在 10℃以上，当温度低于 5℃时，叶片会大量脱落。

水分： 耐干旱，春秋季节每 4~5 天浇水一次，夏季可多向叶面和周围环境喷水，从而增加空气湿度，冬季减少浇水。

光照： 喜欢阳光充足的环境，也耐半阴，除夏季适当遮阴外，其余时间可充分接受光照，在荫蔽处虽然也能生长，但茎节会拉长，叶片变薄，无光泽，影响美观。

雅乐之舞

Pailulacaria afra var. foliis-variegatis

雅乐之舞又名花叶银公孙树，为马齿苋科马齿苋属马齿苋树的锦斑变异品种。植株较低矮，老茎紫褐色，嫩枝紫红色，肉质叶对生，倒卵形，叶绿色，小花淡粉色。

金枝玉叶

Portulacaria afra

金枝玉叶肉质茎紫褐色至浅褐色，光照不足时，新枝为绿色，充足的光照会使其变为紫红色，叶片也会由黄变红，观赏价值很高。金枝玉叶的基质宜选择中等肥力、排水透气性良好的沙质土壤。

Section 05

草胡椒属是胡椒科中的一个属，为一年生或多年生肉质草本植物，全属共有植物约 1000 种，其中中国有 9 种。

草胡椒属

Peperomia

柳叶椒草
皱叶椒草
斑纹椒草

适温： 草胡椒属植物喜欢温暖的环境，生长适温为25℃左右，冬季温度不宜低于 10℃。

水分： 草胡椒属植物喜湿润的环境，生长期要多浇水，夏季天气炎热时应对叶面喷水或淋水，以维持较大的空气湿度，保持叶片清晰的纹样和翠绿的叶色。

光照： 草胡椒属植物一般适宜生活在半阴的环境下，忌烈日暴晒和过分荫蔽，光线太强叶片会变黄绿，遮阴太过会徒长，最好是放在光线明亮又无直射阳光处。

柳叶椒草

Peperomia ferreyrae

柳叶椒草又名刀叶椒草、欢乐豆椒草，原产于秘鲁，植株茎秆粗壮，叶片在顶端轮生，叶面有透明的条纹，叶色灰绿带粉，花序很长，花黄绿色。喜半阴，忌强光直射，4 天浇一次水，冬季减少浇肥水。

皱叶椒草

Peperomia caperata

皱叶椒草广泛分布于热带与亚热带地区，植株簇生，株高 20 厘米左右，茎短，叶片丛生于茎的顶端，叶片圆心形，上表面浓绿色，下表面灰绿色，花穗草绿色，花梗红褐色。

斑纹椒草

Peperomia Scandens cv. Variegata

斑纹椒草又名斑叶垂椒草、月光椒草等，植株肉质茎匍匐或蔓生，叶片长心形，叶色淡绿，叶缘有黄白色或淡黄色斑纹。

养殖小贴士

生长期间每月追施 1~2 次磷钾结合的肥料，肥料不宜过浓，以免引起肥害。同时要防止肥液沾污叶面。9 月停施氮肥，增施 1~2 次磷钾肥，以利于提高植株的抗寒能力。

Section 06

虎刺梅为大戟科大戟属植物，又名铁海棠、麒麟刺、虎刺，原产于非洲，植株较为小巧，很适合用来搭配布景。

大戟属

Euphorbia

虎刺梅

适温： 虎刺梅喜欢温暖的环境，怕高温，不耐寒，生长适温为 18~25℃，冬季室温维持 15℃以上可持续开花，温度低于 0℃时，植物会受冻死亡。

水分： 虎刺梅耐干旱，浇水不用过多，春秋季保持土壤稍干燥，夏季可以适当多浇一些水，但不要使盆土积水，冬季 5 天左右浇一次水，浇水时间适宜在晴天中午温度较高时。

光照： 虎刺梅喜欢阳光充足的环境，充分地接受光照可使植物苞片色彩鲜艳，花期长，而光照不足则会使花色暗淡，夏季适合遮阴 50%，冬季适合放在室内光线明亮处。

虎刺梅

Euphorbia milii Ch. des Moulins

虎刺梅为蔓生灌木，茎稍攀缘性，多分枝，茎上有灰色粗刺，叶片互生，倒卵形或长圆状匙形，老叶易脱落。花小，对生成小簇，果实三棱状卵形，平滑无毛，花果期全年。

虎刺梅的基质可采用泥炭土、珍珠岩和陶粒按 2：1：1比例混合的土壤，每年春季施薄肥 2~3 次，秋季可减少施肥，在连续下雨的季节，空气湿度高，盆土表面不干净，植株易得根腐病和茎腐病，可用根腐灵灌根。

Section 07

九里香为芸香科九里香属植物，又名九秋香、千里香、过山香、山黄皮等，分布于中国云南、贵州、湖南、广东、广西、福建、台湾、海南等地。

九里香属

Murraya

九里香

适温： 九里香喜欢温暖的环境，不耐寒，最适宜的生长温度为 20~32℃，冬季适宜放在室内，维持室温在 5℃以上，低于 0℃时植株可能会冻死。

水分： 九里香耐干旱，浇水要掌握“不干不浇，浇则浇透”的原则，春秋季每 1~2 天浇一次水，夏季每天早晚各浇水一次，冬季每 3~5 天浇水一次。

光照： 九里香喜欢阳光充足的环境，一般适宜摆放在室外半阴处，夏季要防止烈日暴晒，冬季放入室内光线明亮处。

九里香

Murraya exotica

九里香为常绿小乔木，新枝绿色，老枝灰白色或灰黄色，叶片倒卵形或倒卵状椭圆形，顶端钝圆，花序顶生，花白色，花瓣长椭圆形，果实橙黄色至朱红色，阔卵形或椭圆形，花期 4~8 月，果期 9~12 月。

九里香基质宜选用含腐殖质丰富、疏松、肥沃的沙质土壤，生长期每月要施一次腐熟有机液肥，繁殖可采用压条繁殖或嫁接繁殖。

Section 08

罗汉竹为禾本科簕竹属植株，又名佛竹、佛肚竹、密节竹、大肚竹、葫芦竹，原产于中国华南。

簕竹属

Bambusa

罗汉竹

适温： 罗汉竹喜欢温暖的环境，较耐寒，生长适温为18~25℃，冬季温度宜在10℃以上，4℃以下时会冻伤。

水分： 罗汉竹喜欢湿润的环境，较耐水湿，春秋季可经常浇水，保持土壤湿润但不积水，夏季是生长旺盛期，早晚各浇水一次，冬季控制浇水，保持盆土稍干燥。

光照： 罗汉竹喜光照，春秋季可充分接受光照，夏季适当遮阴，避免强光直射，冬季宜置于室内光线明亮处。

罗汉竹

Bambusa ventricosa mcclure

罗汉竹为丛生型竹类植物，幼秆深绿色，老秆黄色，多分枝，叶片卵状披针形，先端渐尖，上表面无毛，下表面密生短柔毛，小花黄色。

罗汉竹喜肥沃湿润的酸性土，基质可选择疏松和排水良好的酸性腐殖土及沙壤土，3~9月，每月施一次腐熟稀薄的液肥，植株会发生锈病的危害，可用50%萎锈灵可湿性粉剂喷洒，繁殖可采用扦插法或分株法。

Section
09

卷柏珊瑚蕨为卷柏科卷柏属植物，又名翠云草、幸福草、龙须、蓝草、蓝地柏、绿绒草，原产于热带、亚热带地区。

卷柏属
Selaginella

卷柏珊瑚蕨

适温： 卷柏珊瑚蕨喜欢凉爽的环境，稍耐寒，生长适温为夜间 10~15℃，白天 20~25℃，冬季温度不宜低于 5℃。

水分： 卷柏珊瑚蕨喜欢湿润的环境，浇水宜保持盆土湿润为宜，生长期间要注意喷水和保持较高的空气湿度，以保持叶片的清新秀丽。

光照： 卷柏珊瑚蕨喜欢半阴和散射光的环境，夏季注意遮阴，不能暴晒，否则会使植物死亡，冬季宜放置在室内光线明亮处。

卷柏珊瑚蕨
Selaginella uncinata

卷柏珊瑚蕨为多年生草本植物，茎细软，呈褐黄色，伏地蔓生，多分枝。小叶卵形，孢子叶卵状三角形，叶色蓝绿，羽叶细密，并有蓝宝石般的光泽。

盆土宜疏松透水且富含腐殖质，可用等量的腐叶土或泥炭、壤土和素沙混合配制，生长期两周左右施肥一次，小型盆栽可用于点缀书桌、矮几，作为小型盆栽或置于博古架上，十分可爱。

Section 08

罗汉竹为禾本科簕竹属植株，又名佛竹、佛肚竹、密节竹、大肚竹、葫芦竹，原产于中国华南。

簕竹属

Bambusa

罗汉竹

适温： 罗汉竹喜欢温暖的环境，较耐寒，生长适温为18~25℃，冬季温度宜在10℃以上，4℃以下时会冻伤。

水分： 罗汉竹喜欢湿润的环境，较耐水湿，春秋季可经常浇水，保持土壤湿润但不积水，夏季是生长旺盛期，早晚各浇水一次，冬季控制浇水，保持盆土稍干燥。

光照： 罗汉竹喜光照，春秋季可充分接受光照，夏季适当遮阴，避免强光直射，冬季宜置于室内光线明亮处。

罗汉竹

Bambusa ventricosa mcclure

罗汉竹为丛生型竹类植物，幼秆深绿色，老秆黄色，多分枝，叶片卵状披针形，先端渐尖，上表面无毛，下表面密生短柔毛，小花黄色。

罗汉竹喜肥沃湿润的酸性土，基质可选择疏松和排水良好的酸性腐殖土及沙壤土，3~9月，每月施一次腐熟稀薄的液肥，植株会发生锈病的危害，可用50%萎锈灵可湿性粉剂喷洒，繁殖可采用扦插法或分株法。

Section 09

卷柏珊瑚蕨为卷柏科卷柏属植物，又名翠云草、幸福草、龙须、蓝草、蓝地柏、绿绒草，原产于热带、亚热带地区。

卷柏属
Selaginella

卷柏珊瑚蕨

适温： 卷柏珊瑚蕨喜欢凉爽的环境，稍耐寒，生长适温为夜间 10~15℃，白天 20~25℃，冬季温度不宜低于 5℃。

水分： 卷柏珊瑚蕨喜欢湿润的环境，浇水宜保持盆土湿润为宜，生长期间要注意喷水和保持较高的空气湿度，以保持叶片的清新秀丽。

光照： 卷柏珊瑚蕨喜欢半阴和散射光的环境，夏季注意遮阴，不能暴晒，否则会使植物死亡，冬季宜放置在室内光线明亮处。

卷柏珊瑚蕨
Selaginella uncinata

卷柏珊瑚蕨为多年生草本植物，茎细软，呈褐黄色，伏地蔓生，多分枝。小叶卵形，孢子叶卵状三角形，叶色蓝绿，羽叶细密，并有蓝宝石般的光泽。

盆土宜疏松透水且富含腐殖质，可用等量的腐叶土或泥炭、壤土和素沙混合配制，生长期两周左右施肥一次，小型盆栽可用于点缀书桌、矮几，作为小型盆栽或置于博古架上，十分可爱。

Section 12

文竹为天门冬科天门冬属植物，原产于南非，分布于中国中部、西北、长江流域及南方各地。

天门冬属
Asparagus

文竹

适温： 文竹性喜温暖的环境，冬季不耐严寒，生长适温为 15 ~ 25℃，超过 20℃时要通风散热，越冬温度不宜低于 5℃。

水分： 文竹喜湿润的环境，不耐干旱，浇水要遵循干透浇透的原则，浇太多水会导致根腐烂，浇水太少会使叶尖焦枯发黄。

光照： 文竹喜欢半阴的生活环境，夏季应放置于阴凉通风之处，避免烈日直射，冬季置于室内光线明亮处养护。

文竹
Asparagus setaceus

文竹又名云片松、刺天冬、云竹，为攀援植物，根部稍肉质，茎柔软细长，多分枝，鳞片状叶基部稍具刺状距，花白色，花期 9~10 月，果实黑紫色，果期为冬季至翌年春季。

文竹的培养基质适合采用肥沃的沙壤土，文竹的观赏价值很高，可放置客厅、书房等处，既能净化空气，又增添了书香气息。此外，植物的根部还可以入药，治急性气管炎，具有润肺止咳的功能。

Section 13

阿波银线蕨为凤尾蕨科凤尾蕨属植物，原产于热带、亚热带甚至寒带地区，分布极其广泛，品种繁多。

凤尾蕨属

Pteris

阿波银线蕨

适温： 阿波银线蕨喜欢温暖的环境，生长适温为18~25℃，冬季温度维持在5℃以上为宜，否则植株有冻伤的危险。

水分： 阿波银线蕨耐干旱，生长期可保持盆土稍湿润，但不要积水，夏季可多向叶面喷水，冬季减少浇水，保持盆土稍干燥。

光照： 阿波银线蕨喜半阴的环境，最好接受散射光的照射，可置于室内半阴处养护，忌强光直射。

阿波银线蕨

Pteris cretica Albolineata

阿波银线蕨是一种原始而古老的植物，它曾经是地球上最早的生命，植株叶形优美，色泽翠绿，根茎叶的观赏价值都很高，非常适合作为室内装饰植物，也可以作为苔藓微景观的背景植物。

植物的栽植基质以疏松、透气、排水性良好的泥炭土为宜，生长期每月施1~2次稀薄液肥，常发生蚜虫和红蜘蛛的虫害，可用甲氨基阿维菌素防治。

Section 14

花叶万年青为天南星科花叶万年青属植物，原产南美，中国广东、福建各热带城市普遍栽培。

花叶万年青属

Dieffenbachia

花叶万年青

适温： 花叶万年青喜欢温暖的环境，不耐寒，生长适温白天以 30℃左右为宜，夜晚以 25℃左右为宜，冬季温度不宜低于 10℃。

水分： 花叶万年青喜湿润、怕干燥，生长期充分浇水，保持盆土湿润，夏季多向植物和空气中喷雾，冬季控制浇水，避免积水导致植物腐烂。

光照： 花叶万年青喜欢明亮的散射光，怕强光直射，光线太弱，会使黄白色斑块的颜色变绿或褪色，光线太强则容易使叶缘和叶尖干枯。

花叶万年青

Dieffenbachia picta Lodd

花叶万年青有名黛粉叶，为常绿灌木状草本植物，肉质茎粗壮，叶片长圆形、长圆状椭圆形或长圆状披针形，着生于茎干上部，先端渐尖，叶片两面深绿色，叶面上长有不规则的白色、淡黄色的斑点。

花叶万年青的栽培土壤以肥沃、疏松和排水良好、富含有机质的壤土为宜，可采取腐叶土和粗沙等比例混合的土壤，繁殖以分株、扦插繁殖为主。

Section 15

绿之铃为菊科千里光属多肉植物，原产非洲南部，在世界各地广为栽培，深受广大植物爱好者的喜爱。

千里光属

Senecio

绿之铃

适温： 绿之铃喜欢温暖的环境，生长适温为 20~28℃，温度过高时进入休眠状态，植株较耐寒，能短暂忍受 0℃的低温。

水分： 绿之铃喜欢湿润的环境，也耐干旱，生长期可多浇水，夏季多喷雾，提高空气湿度，秋后减少浇水，提高植物的抗寒能力。

光照： 绿之铃喜欢半阴的生长环境，可将植物摆放在室内有明亮散射光处，忌烈日暴晒，否则会灼伤植物。

绿之铃

Senecio rowleyanus

绿之铃又名珍珠吊兰、佛珠、翡翠珠等，是一种常见的多肉植物，植株茎极细，叶片互生、心形，圆润饱满，形似佛珠，叶色深绿，头状花序顶生，花白色或褐色。

绿之铃的栽植基质可采用腐叶土、园土和沙按 3 ： 5 ： 2 的比例混合，或用泥炭土、蛭石和珍珠岩按 2 ： 1 ： 1 的比例混合，植物每 2~3 年换盆一次，繁殖可用扦插法，植物易发生根腐病，应注意防治。

Section 16

猪笼草属植物全世界有野生种约 170 种，中国广东地区仅产一种，另外有园艺种超过 1000 种。

猪笼草属

Nepenthes sp

猪笼草

适温： 猪笼草的生长适温白天在 20~28℃为宜，夜间为 10~15℃，冬季温度低于 10℃时，植物有冻伤的危险，应采取一定的保温措施。

水分： 猪笼草喜欢湿润的环境，湿度宜在 60% 以上，空气干燥时，可将植物放在角落，减少通风来增加空气湿度，浇水时掌握全年均保持盆土较为湿润即可。

光照： 猪笼草喜欢光照充足的环境，可置于明亮的散射光处，当空气湿度、土壤湿度和光照都足够时，就能培养出巨大且鲜艳的捕虫笼。

猪笼草

Nepenthes sp

猪笼草是猪笼草科猪笼草属全体物种的总称，为多年生藤本植物，原产于热带地区，是一种食虫植物，茎木质或半木质，叶片为长椭圆形，末端有笼蔓，笼蔓的末端长有瓶状或漏斗状的，独特的吸取营养的器官——捕虫笼，总状花序或圆锥花序，小花白天略香，夜间转臭。

种植猪笼草的基质要求疏松、排水性良好，繁殖可采用扦插、压条或播种法，植株易得叶斑病、根腐病、日灼病等，平时要加强管理，促使植株健壮，增强抗病力。

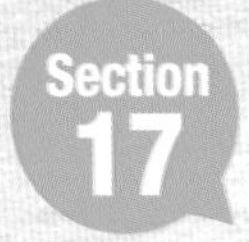

金钻蔓绿绒为天南星科喜林芋属观叶植物，原产南美洲，为热带和亚热带常见观赏植物， 多年生常绿草本植物，其叶汁入口会中毒，根、茎、叶有毒。

喜林芋属

Philodendron

金钻蔓绿绒

适温： 金钻蔓绿绒的生长适温在 20℃左右，冬季温度不宜低于 10℃，否则植物易冻伤，此外，日常养护中不要让植物受到空调或暖气的吹袭。

水分： 金钻蔓绿绒喜欢湿润的生长环境，生长期当盆土表面干燥时进行浇水，夏季丁燥时多喷雾，秋冬温度低于 15℃时减少浇水。

光照： 金钻蔓绿绒喜半阴，怕强光，但不能过于荫蔽，否则叶片很容易发黄，最好将植物摆放在明亮散射光处养护。

金钻蔓绿绒

Philodendron'con-go'

金钻蔓绿绒又名金钻，为多年生常绿草本植物，茎短，成年植物具有粗壮发达的气生根，叶片长圆形，先端渐尖，叶色深绿有光泽。

金钻蔓绿绒适宜在富含腐殖质排水良好的沙质壤土中生长，生长旺盛期每月施肥水 2 ~ 3 次。金钻蔓绿绒的繁殖方法多采用扦插、播种或分株法。

Section 18

合果芋为天南星科多年生常绿草本植物，原产于热带美洲地区，现作为一种观叶植物在世界各地广泛栽培。

合果芋属

Syngonium

合果芋

适温： 生长适温为 22 ~ 30℃，在 15℃时生长较慢，10℃以下则茎叶停止生长。冬季温度在 5℃以下叶片出现冻害。

水分： 喜欢较湿润的生长环境，夏季生长旺盛期，需充分浇水，保持盆土湿润，冬季减少或停止浇水。

光照： 能适应不同光照环境，强光下茎叶呈淡紫色，叶片较大，弱光下则叶片狭小，颜色浓暗。夏秋季节适当遮荫，避免强光直射。

合果芋

Syngonium podophyllum

合果芋又名长柄合果芋、紫梗芋、剪叶芋、丝素藤、白蝴蝶、箭叶，为多年生蔓性常绿草本植物，茎节具气生根，攀附生长。幼叶为单叶，箭形或戟形，老叶成 5 ~ 9 裂的掌状叶，初生叶色淡，老叶呈深绿色，且叶质加厚。

合果芋的繁殖方法以扦插为主。盆土以疏松肥沃、排水良好的微酸性土壤为佳。常见叶斑病和灰霉病危害，可用代森锌可湿性粉剂喷洒。

Section 19

狼尾蕨又名龙爪蕨、兔脚蕨，为骨碎补科骨碎补属植物。植株叶形优美，形态潇洒，具有极高的观赏价值，原产于新西兰、日本。

骨碎补属

Davallia

狼尾蕨

适温： 不耐高温也不耐寒冷，20 ~ 26℃的温度最适宜生长，高于 30℃或低于 15℃皆生长不良，过冬时不能低于 5℃。

水分： 盆土宜湿润，生长季节需充分浇水，一般 2 ~ 3 天浇水一次。但也不能浇水过多，水分过多会导致叶片脱落。

光照： 喜温暖半阴环境，适合散射光照，忌阳光直射，否则易萎蔫卷曲，适合摆放在室内阳光明亮的地方。

狼尾蕨

Davallia bullata

狼尾蕨为小型附生蕨，植株高 20~25 厘米，肉质根茎裸露，表面密被绒状披针形灰棕色鳞片。叶片阔卵状三角形，叶面平滑浓绿，富光泽，孢子囊群着生于近叶缘小脉顶端。

植株生长缓慢，可以作为景观植物配植于假山岩石边。土壤以疏松透气的沙质壤土为佳，环境不良容易引起蚜虫和红蜘蛛的虫害，可用有效成分 1% 甲氨基阿维菌素喷洒防治。

Section 20

心愿叶又名荷叶蕨、对开蕨、心愿蕨，是铁角蕨科对开蕨属中型土生蕨，原产于热带、亚热带甚至寒带地区。

对开蕨属

Phyllitis

心愿叶

适温： 生长适温 18~28℃，忌高温，夏季不得高于 35℃，冬季不得低于 10℃。

水分： 喜潮湿的土壤和较高的空气湿度。春夏秋三季应保持土壤的湿润至潮湿状态，并经常向叶面喷雾洒水，以增加空气湿度。

光照： 植物极耐阴，喜半阴的环境，室内弱光下也能生长良好，可常年放置在有散射光的室内观赏。

心愿叶

Phyllitis scolopendrium

心愿叶为多年生草本植物，茎绿色蔓生，茎上长有气生根，可攀附于其他物体上生长。叶草质，心形。

心愿叶叶色翠绿，形态婀娜多姿，给人清新舒畅的感觉，适合家庭室内布置。垂盆栽种可挂置于有散射光的卫生间内墙角或书橱边。

植物繁殖可在 5 ~ 9 月扦插，剪取健壮茎干 2 ~ 3 节，插入粗沙或水苔中，保持湿润，约 25 天后生根。

Section 22

心叶藤又名心叶蔓绿绒，为蔓性藤本植物，攀援性强，叶心形深绿色，是一种很常见的观叶植物。

绿绒属
Philodendron

心叶藤

适温： 喜温暖的环境，生长适温为 15~25℃，越冬温度保持 1℃以上即可。

水分： 浇水量以手摸土壤为微湿的状态即可，大约 4 天浇水一次。

光照： 喜半阴的环境，但长期不见日照易引起茎节徒长影响观赏效果，夏季避免阳光直射，其余时间置于室内明亮散射光处即可。

心叶藤
Philodendron scanaens

心叶藤为常绿肉质藤本植物，攀援性强，叶心形深绿色，不开花。

植栽盆土要求土质疏松不易板结，可用腐叶土与菜园土等比例混合。每 14 天施一次液体肥料，喷洒在叶面即可吸收。盆栽刚种植时，可能需要时间上的适应期，发生掉叶、叶枯黄，是属于正常现象。心叶藤常用扦插、播种、分株和组培繁殖。

Chapter 03

美化『苔藓微景观』的素材

苔藓微景观的布景需要很多素材来构成，所以一些可爱的摆件是必不可少的，这些摆件可以自己收集，也可以通过网上购买。利用这些做出你想要的美景吧。

Section 01 建筑玩偶

在苔藓微景观中，
建筑类型的玩偶是很常用的，
他不仅可以作为人物的家，
也可以单独使用作为点缀。

蓝色城堡

城堡是欧洲童话故事
中一个鲜明的标志，
看到这样一座
蓝色的城堡，
就会让人联想起王子
和公主的故事。

农舍

如果说城堡是欧洲童话的代名词，
那么农舍便是乡间生活的标志。
朴实无华的建筑，
破旧苍老的颜色，
却能让人回归质朴。

路牌

白的、蓝的、红的……
各色的路牌虽然造型简单，
但却风格显著，
立刻能营造出一番风景。

桃树

桃花开了，
满园里姹紫嫣红，
远远望去，
似乎天上落下的一大片朝霞。

邮箱

红色的邮箱是用来传递邮件，
小小的微景观中邮箱当然是
用来装饰啦，
它的存在是为了让人更加相信
微景观中是一个真实的小天地。

房屋

这一座不像城堡那么华丽，
也不似农舍那样简谱，
或许是平常人家的房屋。

魔幻之门

米黄色的围墙中
有一扇蓝色的木门，
门里面却什么也看不到，
因为这是一扇魔幻之门，
能通往何处就留给你自己发掘吧。

阶梯

顺着石板台阶螺旋向上，
到什么地方由你来定，
用它来搭配其他的建筑物玩偶，
是很好的选择。

人物类的玩偶是微景观中
最具变化和活力的一种。
它们造型多变，表情多样，
使微景观表达的内容更加丰富。

老爷爷老奶奶

慈祥的老爷爷已经斑白了头发，
和蔼的老奶奶也已模糊了视线，
然而他们依然相互守护在一起，
让人好不羡慕。

考拉家族

考拉爸爸和考拉妈妈
带着他们的孩子，
一起出来卖萌啦，
喜欢的话就赶紧
把他们放进微景观中吧。

日本女孩

温柔甜美的日本女孩，
从发型到服装都充满了
日本特色，
如果你有樱花树搭配的话，
就更加完美啦。

小黄人

随着电影一炮
而红的小黄人们
受到了广大群众的喜爱，
用他们来做装饰，
一定会让你的微景观人气大增。

西游四人组

唐僧师徒四人在西天取经的路上
恰巧路过了你的微景观，
这下你可以近距离地了解
猴哥和八戒他们啦。

蜡笔小新

蜡笔小新这个让人又爱又恨的
卡通形象，是很多人童年的回忆。
把他放进你的微景观中，
就当做是对童年生活的纪念吧。

卡通兔

看这些卡通兔们，表情多么的丰富，不如用它们来装饰你的微景观，通过更换不同的表情来表达自己每一天的心情。

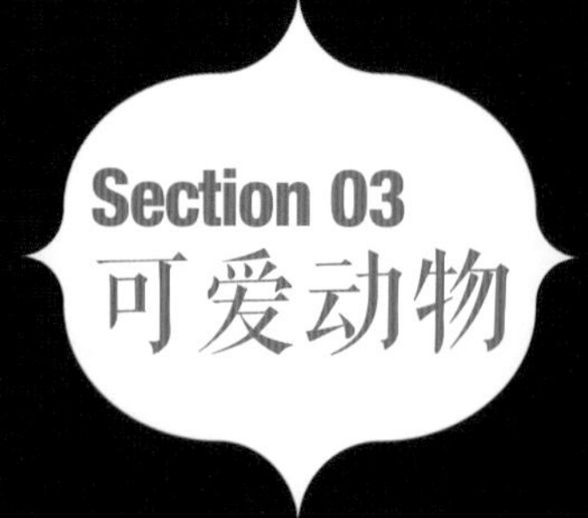

除了人物的玩偶外，
可爱的小动物也是不错的选择，
在微景观中放入这样的玩偶，
最容易捕获小朋友的心。

小猪

小猪是家畜中的代表品种，
用它们来装饰你的微景观，
更添一丝乡村风情。

奶牛

奶牛也是微景观中
常用的造景玩偶之一，
如果你的微景观是田园风格的话，
它们将是你的不二之选。

小鸭子

毛茸茸的
小鸭子
是不是非常
的可爱呢？
把它们组合在一起，
效果会更好哦。

小白兔

小白兔，白又白，
两只耳朵竖起来，
在很多小朋友眼中，
小白兔就是可爱动物的代表。

猪猪

这只小猪和前面的猪相比，
更加的拟人化，
不仅带起了围巾，
脸上也有了表情。

小熊

熊是森林中战斗力很强的一种动物，
但它们却又偏偏长得憨厚可爱，
造就了许多关于熊卡通形象，
下面的这些是不是非常惹人喜爱
呢?

松鼠

松鼠是森林中特别的一分子，
它们凭借其可爱的外貌
和与世无争的性格，
让我们忘记了大森林中的险恶，
如果你的微景观是森林风格的话，
不如就把它们带上吧。

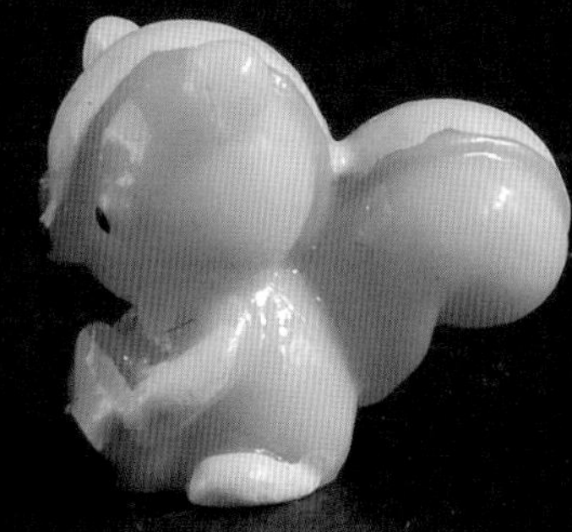

Section 04 海水主题

习惯了陆地上的微景观的制作，
不如将场景搬到有水的地方吧，
就像海滩、荷塘等，
都能使你的微景观与众不同。

冲浪小白兔

这款小白兔更加的生动，两只小白兔分别有两种不一样的表情，一个开心，另一个伤感，你将会如何选择呢?

小女巫

这是两个调皮的小女巫，
她们会用魔法来惩罚干了坏事的人，
把她们放进微景观中惩恶扬善吧。

海滩企鹅

你瞧，
企鹅离开了南极，
正躺在你的微景观中，
慵懒地享受着日光浴。

荷塘夜色

浓绿的荷叶上，莲花正在盛开，
旁边的青蛙静静地蹲着休息，
这个画面让人马上联想到夏天，
联想到荷塘。

深海鲸鱼

不要总是把想法局限在陆地之上，
天空和海洋也是可以触及的景观，
借助这两只鲸鱼玩偶，就能够轻
松地营造出深海的氛围。

海螺

海螺让人想起大海，
让人想起很多美丽的
传说，将它们带入你的
微景观中，
会增加一丝浪漫色彩。

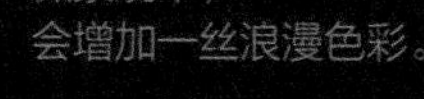

Section 05 情侣主题

爱意浓浓的情侣玩偶，
能让你的微景观散发出浪漫的气息，
有情侣玩偶的微景观，
也是送给女孩很好的礼物。

求婚

英俊的男孩单膝跪地，
手中藏着美丽的鲜花，
正等待女孩的答复，
如果你也憧憬美丽的爱情，
就用他们来装饰你的微景观吧。

小狗情侣

狗狗是人类最好的朋友，
制作微景观时怎么能少了它们呢？
看到这些可爱的小家伙，
心情立刻就好了起来。

小女孩

在微景观中加入一个人偶，
使得整个感觉都鲜活了起来，
纯真和可爱，是小女孩带给
微景观的两大元素。

日本女孩

比起之前的日本女孩，
这一款体积更大，
服饰也更加华丽。

小猫情侣

除了小狗狗外，
小猫也是很多人喜爱的动物，
有没有想过将小猫和小狗放
在一起，让它们进行一场
汪星人和喵星人的大战呢？

黑白兔情侣

前面介绍的兔子都是小白兔，
这里还有小黑兔，
可能是由于天气寒冷，
小兔子还系上了围巾。

蘑菇

五颜六色的蘑菇是
很好的造景配件，
它们体积小，
色彩鲜艳，而且
易于搭配。

Section 06 园林主题

山石、花草、流水，
是构成园林景观的主要元素，
当你的微景观中有了这些玩偶的时候，
就可以轻松营造出一片典雅的园林。

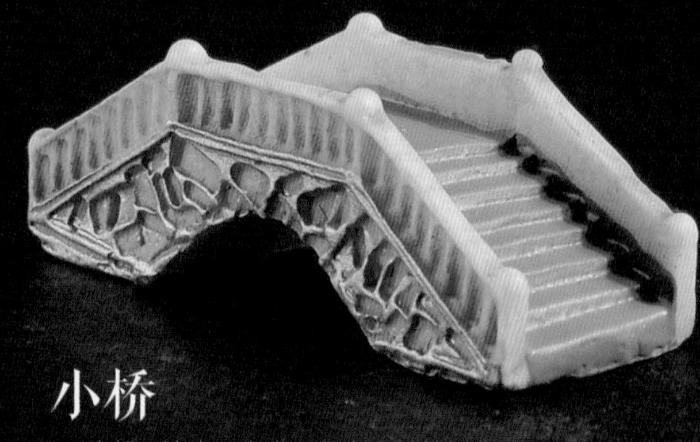

小桥

小桥、流水、人家，是古人对美好生活的向往，在微景观中放入这样一座小桥，你就已经成功了三分之一。

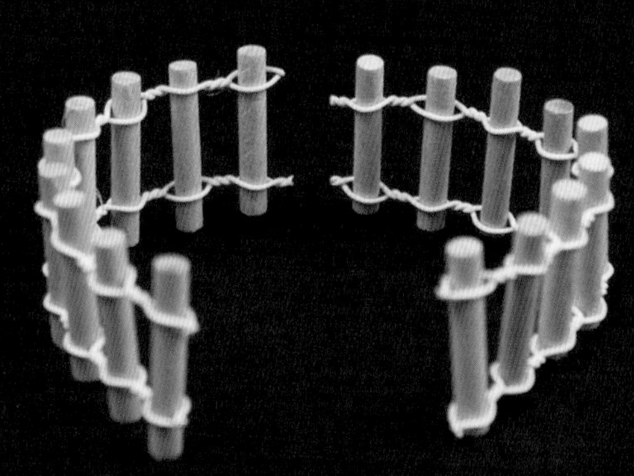

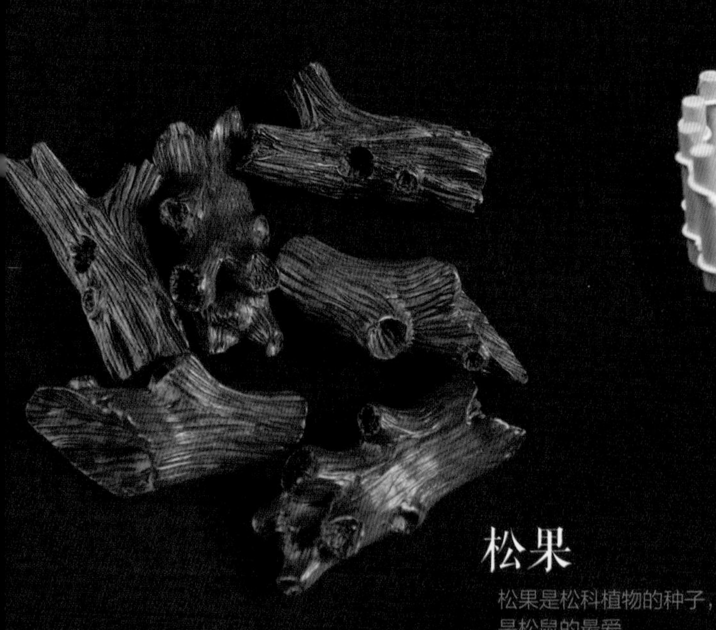

栅栏

用这款栅栏玩偶，
你既可以围住小动物，
防止它们逃跑，
也可以保护漂亮的花草，
防止被践踏。

松果

松果是松科植物的种子，
是松鼠的最爱，
看到它，
想必周围一定有松鼠的存在。

木桩

木桩的色泽、质地和形状都别具一格，给人一种年代感和稳重典雅的感觉，用它来点缀你的微景观，会形成一种鲜明的风格。

Chapter 04

五大不失败的苔藓微景观设计法则

想要一次性做出好看的苔藓微景观并不是那么容易的，如果你能做到下面这五点的话，将会使你的成功率大大提升。

Section 01
容器的选择

玻璃容器

玻璃容器是苔藓微景观最常用也是最适合的容器，玻璃透明的材质便于全方位欣赏容器内部的景象，玻璃容器一般包括敞口式和密闭式两种。

木质容器

木质容器也是苔藓微景观可选择的容器之一，有时，一块简单的木板就能充当容器。需要注意的是，选用木质容器时要经常检查是否有虫害的滋生。

其他容器

除了玻璃容器和木质容器外，苔藓微景观还有一些其他的容器可以选择，如陶质容器、瓷质容器或者是自制容器等。

Section 02
刻意留白

留白是平面设计中常用的一种方式，原指位于图像、文字、符号之后的作为基底的部分。留白的作用在于衬托，使人更容易认识到画面的主体，用无色来衬有色，用无形来托有形，使得主体更加地突出。

我们在进行苔藓微景观的制作时，也能够借用这种留白的技巧，具体做法是将主要植物栽植在容器中心或稍偏离中心的位置，其他地方不种植或只铺一些颗粒介质，进行整体留白，将视觉向对象集中凝聚。这样刻意的留白，不仅烘托了画面主体，给主体植物留有自由的空间，而且形成虚实对比，丰富了画面的节奏。除此之外，在苔藓微景观中进行留白处理，还能延伸画面的形象，拓展景观的意境，给人无限的想象空间。

同样的，这款苔藓微景观也进行了刻意的留白处理，效果是不是也很棒呢。

其实，这款苔藓微景观中所用的植物和苔藓并不是很多，大部分的空间只铺撒了一些颗粒介质和小玩偶，但却达到了很好的视觉效果，画面给人留下了很大的想象空间。

Section 03
色彩的选择

运用对比色

对比色指的是在 24 色相环上相距 120 度到 180 度之间的两种颜色，比如黄和蓝、紫和绿、红和青，任何色彩和黑、白、灰，深色和浅色，冷色和暖色，亮色和暗色都是对比色关系。对比色在服装、建筑、家居、美术、广告等设计中被广泛运用，如今也被越来越多地应用在植物搭配和造景上，苔藓微景观也可以借用对比色的方法来搭配植物。

对比色是人的视觉感官所产生的一种生理现象，是视网膜对色彩的平衡作用，比如当我们在强烈的阳光下目不转睛地盯着一面红旗，然后把眼睛合上，眼底会浮现一面绿色的旗帜。在造景时如果能合理地运用对比色，可以给人强烈的视觉效果，但如果运用不当，反而会让人觉得非常俗气。

在苔藓微景观的造景时，我们一般常用的对比色为绿色和红色，绿色包括苔藓植物和袖珍椰子、黑珍珠、冷水花、波斯顿蕨等，红色可以用森林火焰网纹草、红网纹草以及一些红色的小配件如红色小蘑菇等，都能起到不错的效果。

选择同色系

如果说运用对比色能彰显个性，那么选择同色系则不会发生错误。将两个或两个以上相近或相似的色调搭配在一起，整体上能给人比较温和的感觉，能表现共同的配色印象。将同色系的造景植物搭配在一起，并选择一款适合的容器，会使整个微景观有共性又有变化，植物间的色彩不会相互冲突，又能产生层次感。

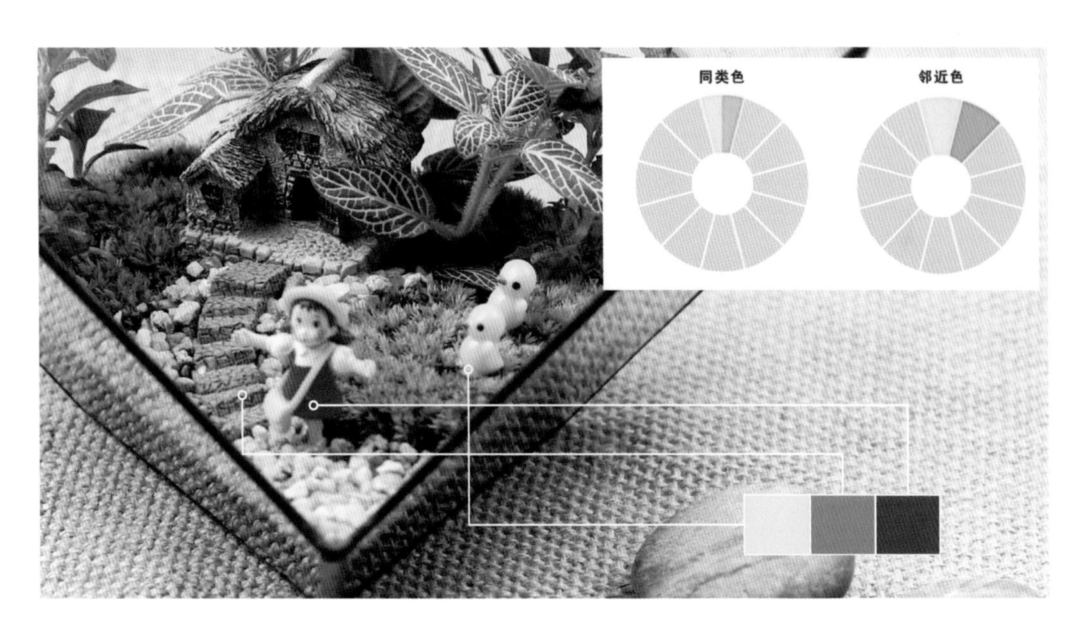

选择多色系

在选择微景观的颜色时，也可以进行多色系的搭配，只要颜色的选择和排布合理，也能创造出不错的效果。

Section 04
植物的选择与搭配

主次分明

主次分明也是制作苔藓微景观过程中需要把握的一个原则。所谓“主”就是想要表达的重点，而“次”是用来对“主”进行衬托和陪衬。

具体做法为在设计苔藓微景观时，选取一株或几株主要的造景植物作为重点，所选的植物最好能在形态上大于其他的植物，然后围绕这株或这几株主要的植物进行设计。这种主次分明的设计方法比较能突出景观的中心，起到点睛的作用。

中间的那株袖珍椰子是不是格外的引人注目呢，这便是高主次分明带来的效果。

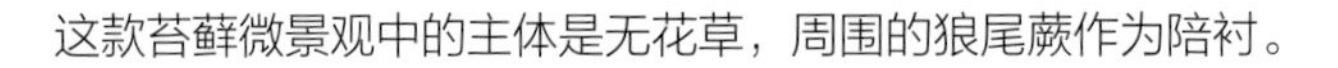

这款苔藓微景观中的主体是无花草，周围的狼尾蕨作为陪衬。

高矮不一

在为苔藓微景观挑选植物时，最好不要选择高矮、大小完全一致的植物，这样种植下去会略显死板，效果并不好，如果能选择高矮不一的植物，那就大不相同了。

株形较高的植物包括袖珍椰子、罗汉松、花叶络石、黑珍珠、常春藤等，株形较矮的植物有珊瑚蕨、网纹草、千叶吊兰等。按照造景植物高矮的不同来组合，便于对每株植物进行观赏，整个景观的造景也会更加鲜活，更有层次感。

最高的蕨类中间的木头，低矮处的苔藓，还有最近处的一朵红花。

饭盒内的植物高矮有落差，还有蓝色的小河上面的独木桥，形成了高低错落的层次变化。

Section 05 如何做出让自己满意的微景观

明确想法

想要做出好看的、自己满意的苔藓微景观，首先要明确自己的想法，知道自己要做的是什么样的风格，如果没有事先明确想法的话，那么在制作过程中就会非常盲目，或是颠来倒去，犹豫不决，导致最后做出的效果不理想。

明确了自己的想法后，便可以将制作的材料都准备好。首先挑选自己喜欢的容器和植物，制作前检查容器是否有破损，并清洗干净，挑选的植物应健康美观。除了容器和植物外，还需准备必要的材料和工具，如苔藓、水苔、培养土、颗粒介质、小镊子、小铲子、刷子、浇水器等，玩家也可以根据自己的喜好准备一些小玩偶和装饰性的小配件。准备工作都完成后，就可以开始进行苔藓微景观的制作了。

合理设计，小心操作

在制作苔藓微景观的过程中，应参考一些设计上的方法，如刻意留白、主次分明等，以这些作为参考，可以省去自己苦思冥想的时间。此外，有了这些理论指导，也能保证你的作品不会太“惨不忍睹”。当然，如果你对自己的技术很有信心，也可以不理会这些设计原则，完全按照自己的意愿去设计，因为毕竟是给自己欣赏的微景观，自己喜欢才最重要。

由于苔藓微景观的内部空间不是很大，植物和苔藓的体积也比较小，因此在操作时并不是那么容易，往往要借助镊子来进行，此时就要考验你的耐心了，只要你静下心来，一步步小心地操作，就会发现制作苔藓微景观并不困难。

Chapter 05

制作微景观的准备工作要做好

这一章主要介绍的是制作苔藓微景观前需要做的准备工作，包括常用工具、常用土壤、配土方案以及常用造景砂石。

Section 01
常用工具

小工具系列

包括大、小铲子和小耙子，主要用于混土、挖取植株、栽培或疏松土壤等。

小勺子

用来挖取泥土。

大镊子

主要用来夹取大的苔藓植物。

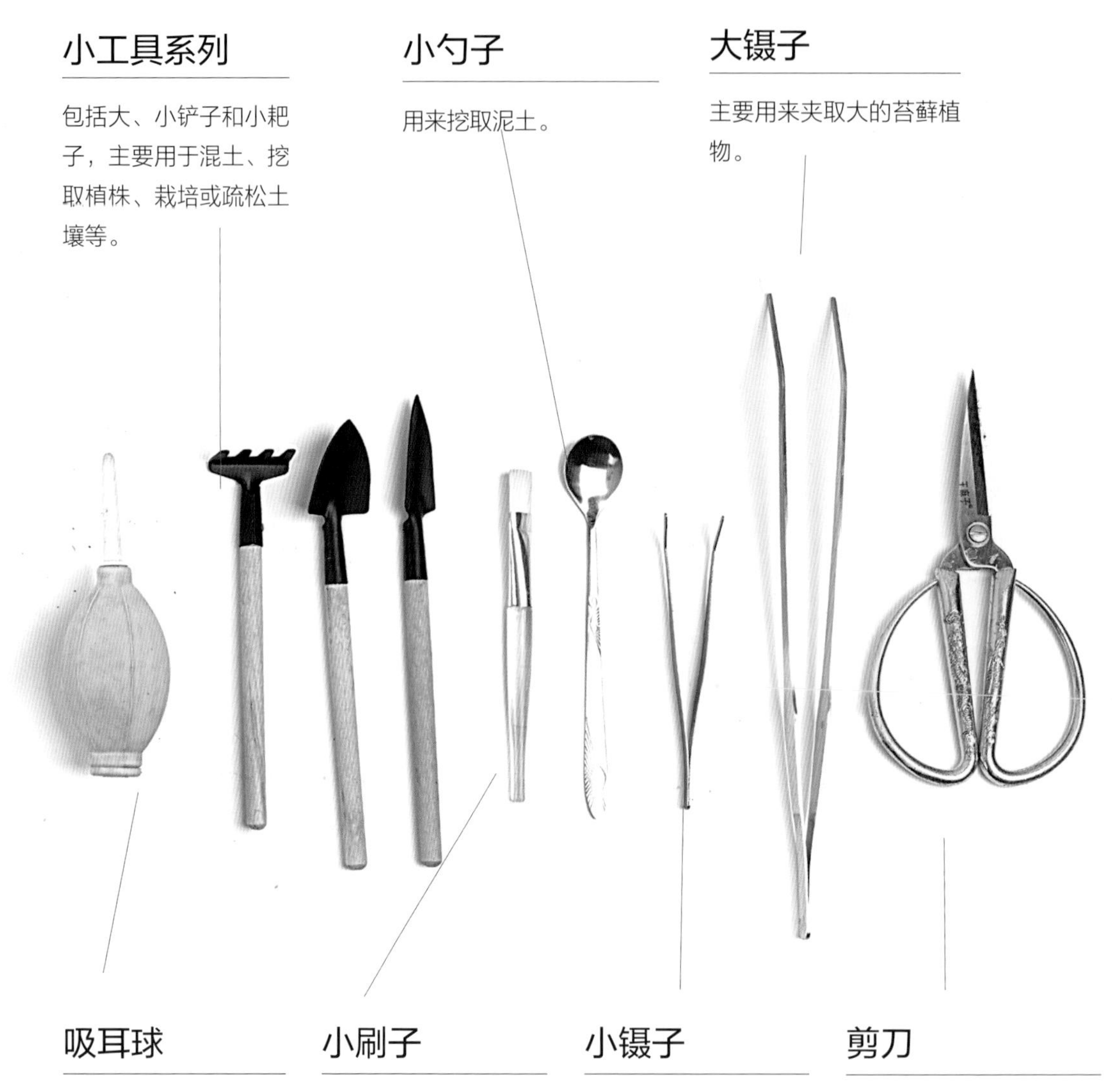

吸耳球

主要用来吹掉植物上的灰尘。

小刷子

用来刷掉植物中的杂物。

小镊子

主要用来夹取小的苔藓植物。

剪刀

用于苔藓、植物根枝的修剪，剪取小植株等。

Section 02
常用土壤及配土方案

常用土壤

陶粒

陶粒为陶质的颗粒，外观特征大部分呈圆形或椭圆形球体，是苔藓微景观中常用的铺底介质，具有隔水保气作用。

小轻石

轻石

轻石又称浮石或浮岩，是一种多孔、轻质的玻璃质酸性火山喷出岩，主要用作透气保水材料，是苔藓微景观中常用的铺底介质。

木屑

木屑是指木头加工时留下的锯末、刨花粉料。主要是用来做燃料和轻骨填充料，在苔藓微景观中可以和培养土混合使用。

水苔

水苔是一种天然的小型绿色植物，保水及排水性能好，具有极佳的通气性能，在苔藓微景观中经常被放在铺底介质和培养土之间。

缓释肥

“缓释”是指化学物质养分释放速率远小于速溶性肥料，施入土壤后转变为植物有效态养分的释放速率，它可以与培养土混合使用。

鹿沼土

不论是用于专业生产还是家庭栽培或土壤改良，鹿沼土均有良好的效果。鹿沼土可单独使用，也可根据植物喜好，与泥炭、腐叶土、赤玉土等其他介质混合使用。

黄石子

黄石子就是路边常见的黄色的小石子，获得简单，无需成本，在制作苔藓微景观时，可用来作为铺面石。

蛭石

蛭石是一种天然、无毒的矿物质，在高温作用下会膨胀。它对土壤的营养有极大的提升作用。但是它的缺点是不适合长期使用，会因过于密集而影响通气和排水效果。

黑石英砂

园石英砂是石英石经破碎加工而成的石英颗粒，有红、黄、蓝、黑、褐、紫、绿等颜色，在苔藓微景观中可用作铺面石。

赤玉土

赤玉土可以称之为高通透性的火山泥，形状为圆形，没有有害细菌，ph 呈微酸性，其形状有利于蓄水和排水。分为中粒、细粒两种。

苔藓微景观培养土的配土方案

在制作苔藓微景观时，培养土的配比可以用泥炭土、园土和蛭石按6 ：3 ：1的比例混合制作，或用赤玉石、泥炭土、沙按6 ：3 ：1比例混合制作。

也可以用泥炭土、鹿沼土、缓释肥按比例6 ：3 ：1混合制作而成培养土；或用泥炭土、珍珠岩、缓释肥按6 ：2 ：2比例混合制作。

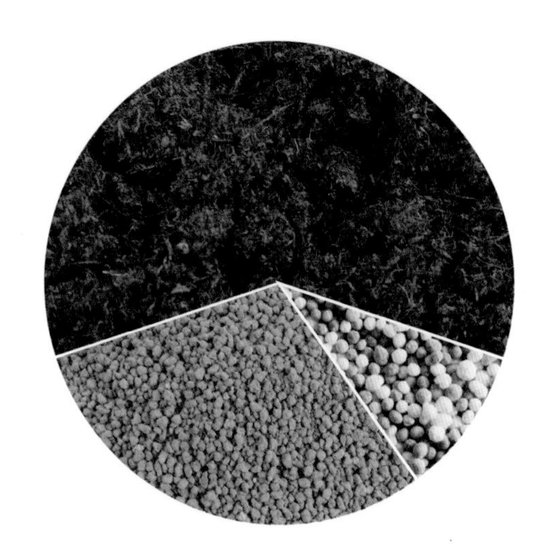

苔藓微景观的不同层级的配比

在制作苔藓微景观时，常用的配土方案为从底部往上依次放入赤玉土、水苔、培养土和苔藓，比例一般为 4 ：2 ：2 ：1，可以将赤玉石改为鹿沼土、陶粒等。

培养土推荐泥炭土，因为苔藓是假根，主要起固定植株的作用。且大多数苔藓根部都属于单细胞纵向排列，因此即使有吸收水分和呼吸作用也是微乎其微的，所以培养基主要考虑附着苗床。

不同颜色的其他常见铺面石

各种装饰用的砂石种类甚多，形态迥异，不同颜色、形状的石块作背景，最后呈现出来的效果也是千奇百怪，总能带给你特别的惊喜。

Section 03 造景石材

除了人物和动物等玩偶外，
各种石材也是造景的一大利器，
各式各样的质感与颜色，
为苔藓微景观的制作提供了更多的可能。

千层石

千层石也称积层岩，属于海相沉积的结晶白云岩，色泽与纹理自然、光洁，造型奇特，变化多端，放在微景观中，秀丽静美、淡雅端庄。

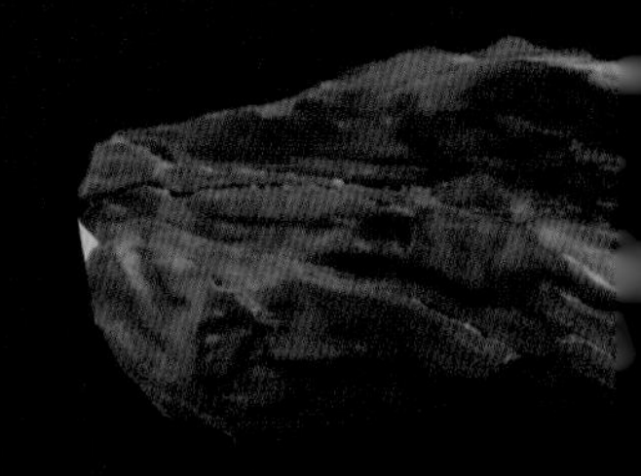

龟背石

龟背石是一种特殊的岩石，因岩石表面有龟裂状网纹、酷似龟背而名，用它来点缀微景观，别有一番风格。

鹅卵石

鹅卵石作为一种纯天然的石材，取自经历过千万年前的地壳运动后由古老河床隆起产生的砂石山中，它们饱经浪打水冲的运动，被砾石碰撞磨擦失去了不规则的棱角，光滑透亮，而且种类与色彩很多，是很好的公园假山、盆景填充材料，苔藓微景观中也适合使用。

太湖石

太湖石，又名窟窿石、假山石，是一种石灰岩，形状各异，姿态万千。太湖石宜作一些盆栽、水族箱置景，天生美观，只要布局合理，胜似天然景色。

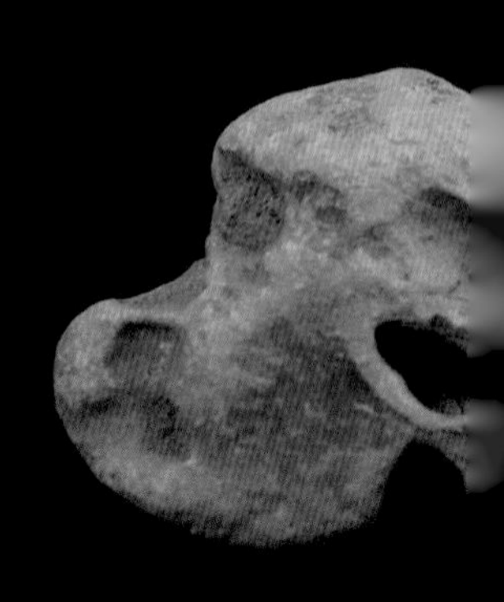

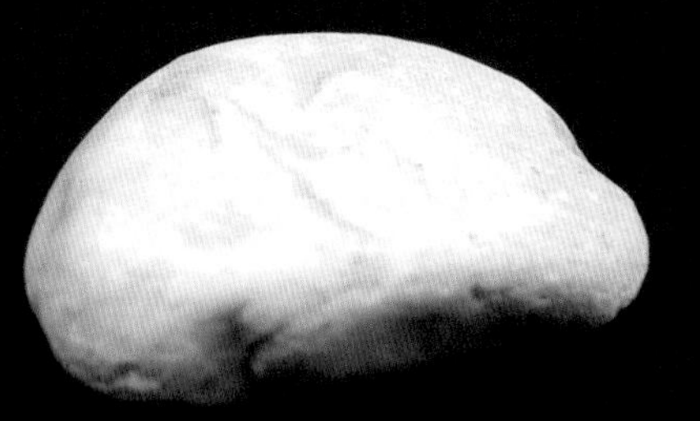

白玉石

白玉石是碳酸盐矿物，色泽圆润，洁白无瑕，质感细腻，通体透彻，是苔藓微景观造景石的很好选择。

溪石

溪石就是溪流中的石头，是苔藓微景观中非常精美的一款造景石材。

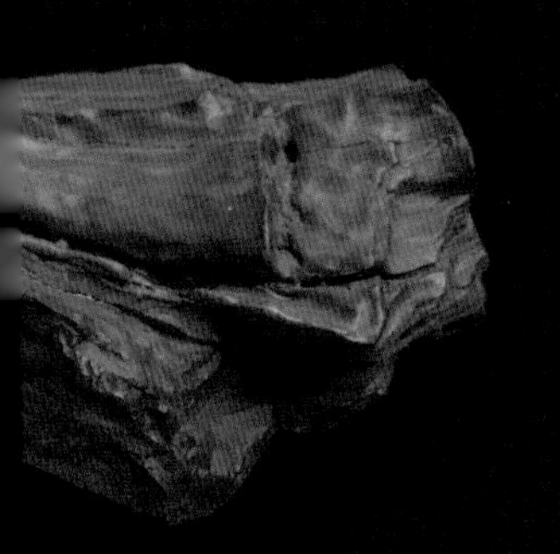

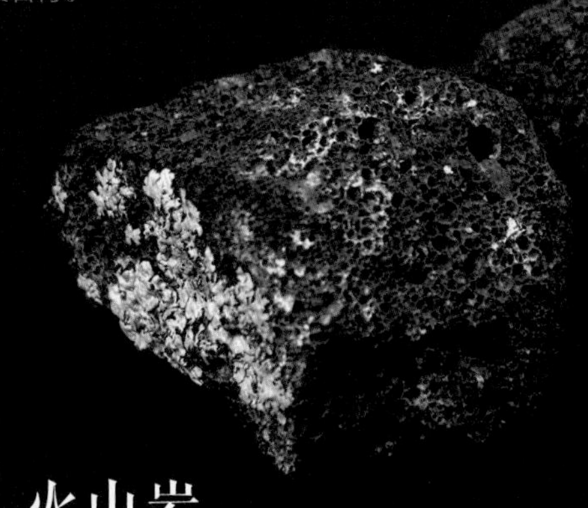

木化石

木化石又称硅化木，具玻璃光泽，不透明或微透明，呈现玉石质感，颜色有土黄、淡黄、黄褐、红褐、灰白、灰黑等。

火山岩

火山岩又称玄武岩，是火山爆发后形成的多孔形石材，在苔藓微景观中，是打造仿古建筑、欧式建筑、园林建筑的首选石材。

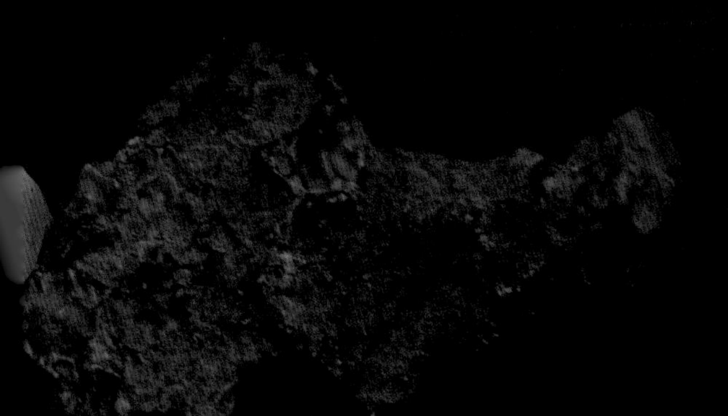

青龙石

青龙石多沟壑、多棱角、似峰峦起伏连绵、多嵌空石眼青色泛黑，常带白色不规则花纹，精巧多姿。

Section 04
造景木材

木材也是苔藓微景观中
不可忽视的一种力量，
独具风格的木材，
可以使你的微景观散发出别样的风采。

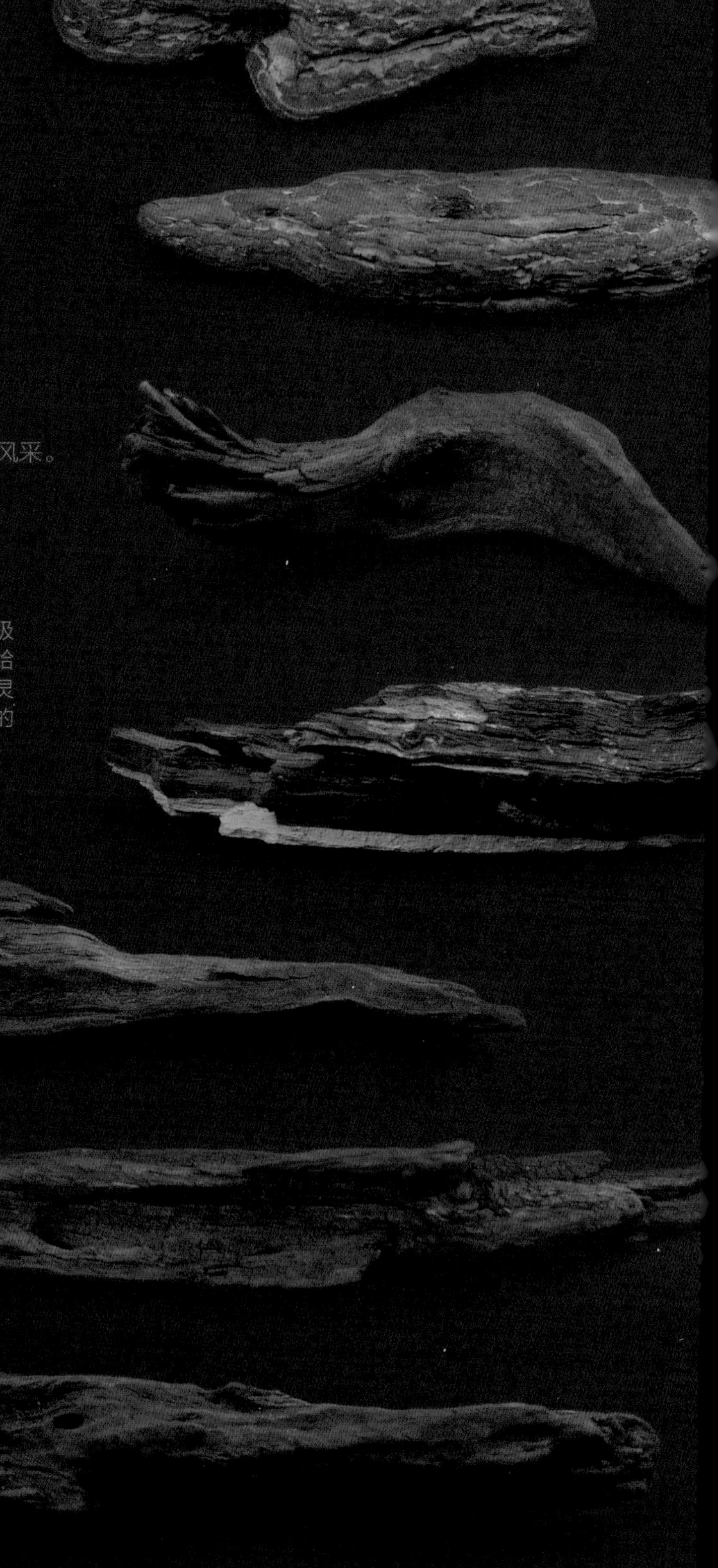

沉木

沉木也叫流木，古朴苍劲的木质极具诗情画意，用它来装饰，可以给苔藓微景观平添一股真实自然的灵气，也可以营造热带雨林中丰富的自然景观。

Chapter 06

适合放在桌面的苔藓微景观

苔藓微景观不仅适合送给朋友，还可以留给自己作装饰用，摆放在办公室、家中的桌面上，一定是一道靓丽的风景。

山坡农舍

顺着阶梯通往简单的幸福

故意将土壤铺设成一定的坡度，
营造一种山野村夫的生活环境，
房屋外点缀一只奶牛，
结束一天的劳作，
拾级而上，收获最质朴的幸福……

前期准备

培养基质 | 1. 棕色轻石 2. 水苔 3. 培养土

铺面装饰 | 4. 细黄石子铺面石 5. 玩偶

植物 | 6. 苔藓 7. 卷柏珊瑚蕨 8. 垂叶榕 9. 白脉椒草 10. 小火焰网纹草 11. 红艳网纹草 12. 白天使网纹草

工具 | 13. 耙子铲子 14. 剪子 15. 喷壶 16. 镊子 17. 刷子 18. 小勺

微景观中的玩偶

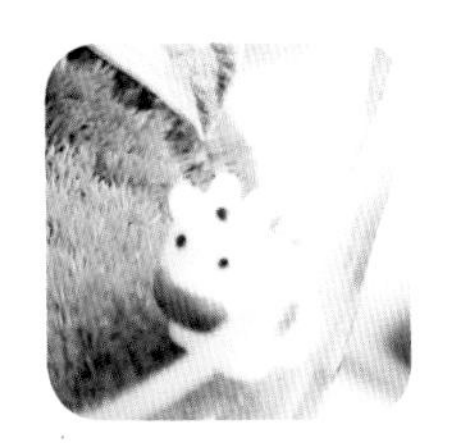

奶牛

这是农场中的奶牛

阶梯

这是通往房屋的阶梯

房屋

这是普通的房屋

制作过程简介

选择最常见、最广泛使用的玻璃容器，植物不必选得太多，一株主要的植物和几株搭配点缀的植物即可，制作过程中先铺介质，再种苔藓和植物，最后是添加玩偶和铺面石。

操作步骤 ❶

铺底

养殖小贴士

培养土中间偏后的位置高一些，最好离水苔层的距离在 3 ~ 4 厘米，因为容器可以种一些形态比较大的植物。本例中种的是垂叶榕，垂叶榕的根系比较长也比较硬，所以培养土深一些比较适合垂叶榕的生长。

用小耙子将少量棕色青石铺在玻璃容器的底部。针对本款容器，青石铺底至 1 厘米高即可，本款容器因为比较高且是开口，所以积水层稍微高一点也没关系。用镊子将水苔置于青石的上方。用喷壶将颗粒土上方的水苔稍稍浇湿润，然后将水苔铺均匀，在水苔的上方倒入配置好的培养土。用喷壶冲洗容器壁上的培养土顺便浇湿润土壤，这样就完成了微景观中栽植基质的部分，可以看出培养土的铺设中间偏后的位置要高一些。

操作步骤 ❷

种植物铺苔藓

将最高的植物垂叶榕首先种植在培养土中。在种植网纹草时，要用镊子将较矮小的网纹草的根部镊住。因为网纹草的根部比较柔软，要借助镊子才能插入土壤里。

将珊瑚蕨和白脉椒草种在容器的两侧。到了这一步，你的微景观已经初具雏形了。接下来开始铺设苔藓，所有的植物都种植完成后就变成了这个样子，接下来让它更加丰富吧。

养殖小贴士

铺设苔藓可以起到布局微景观的作用，例子中要将梯子和铺面石的位置留下来，另外铺设苔藓时，可以一边铺苔藓，一边种植物，这样可以将像网纹草这样的软根植物定型。

尝试换换这些植物

九里香

阿波银线厥

红艳网纹草

操作步骤 ❸

摆放玩偶后期养护

接下来就可以将事先挑选好的小玩偶放进微景观中了。

在容器的后面摆放奶牛玩偶，使不同角度看都有内容。

铺苔藓时，可以用小块苔藓弥补接缝处。

在剩下的空间上铺一下小石子也是不错的选择。

此时可以轻轻清理一下植物表面的灰尘。

这样就完成了整个微景观的制作，最后并适当给叶面喷一些水，放在自己喜欢的位置就可以了，你也来试试吧。

尝试换换这些铺面石

绿沙

枯木

鹅卵石

玻璃水晶宫

方形世界里梦游仙境

方形玻璃水晶宫屋里，
是一个充满奇趣的世界。
这里有花、有草、有人家，
生动而灵活地展现不一样的世界，
如果累了动手完成一个吧！

前期准备

培养基质 | 1. 黑色石子 2. 水苔 3. 培养土

铺面装饰 | 4. 粗黄石子 5. 玩偶

植物 | 6. 苔藓 7. 白天使网纹草 8. 红艳网纹草 9. 罗汉松

工具 | 10. 喷壶 11. 耙子铲子 12. 吸耳球 13. 镊子 14. 刷子 15. 小勺

微景观中的玩偶

人

乖巧的小孩正要回家

鸭子

小鸭子们成群结队散步

房子

带有院子的小房子

制作过程简介

方形玻璃容器里摆放苔藓微景观，在搭配上要结合美学构图原则，做到清新自然，繁而不杂。种植好植物后，还需要做一些装饰，可以根据个人喜好进行摆放，一些可爱的玩偶、彩石和小巧的摆件都是很好的选择。

操作步骤 ❶

铺底石

用小勺子将事先备好的黑色铺底颗粒石铺在玻璃容器最底层，用耙子工具将黑色石子铺散均匀。

养殖小贴士

使用这种黑色石子颗粒铺底主要是因为容器不是很深，使用小黑色石子颗粒既可以保证微景观底部的蓄水性和透气性，又不会占用本身就很少的底层空间。

铺水苔

将事先装备好的水苔撕成小块，然后用镊子将小块的水苔铺在黑色石子的上层，用喷水器将水苔喷湿，喷湿后让水苔自然集合在一起，然后用手将水苔整平。

养殖小贴士

使用手撕水苔的时候，千万不要把水苔撕得过碎，撕得太碎不容易用镊子夹，而且隔绝土壤的效果也不好。

铺培养土

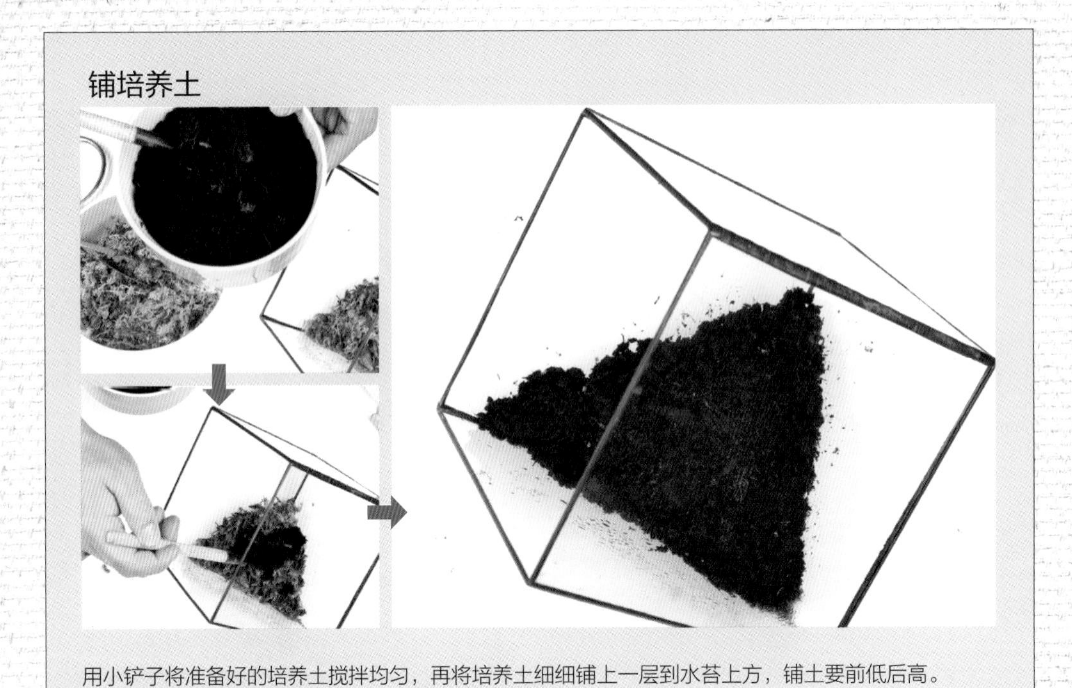

用小铲子将准备好的培养土搅拌均匀，再将培养土细细铺上一层到水苔上方，铺土要前低后高。

操作步骤 ❷

铺苔藓

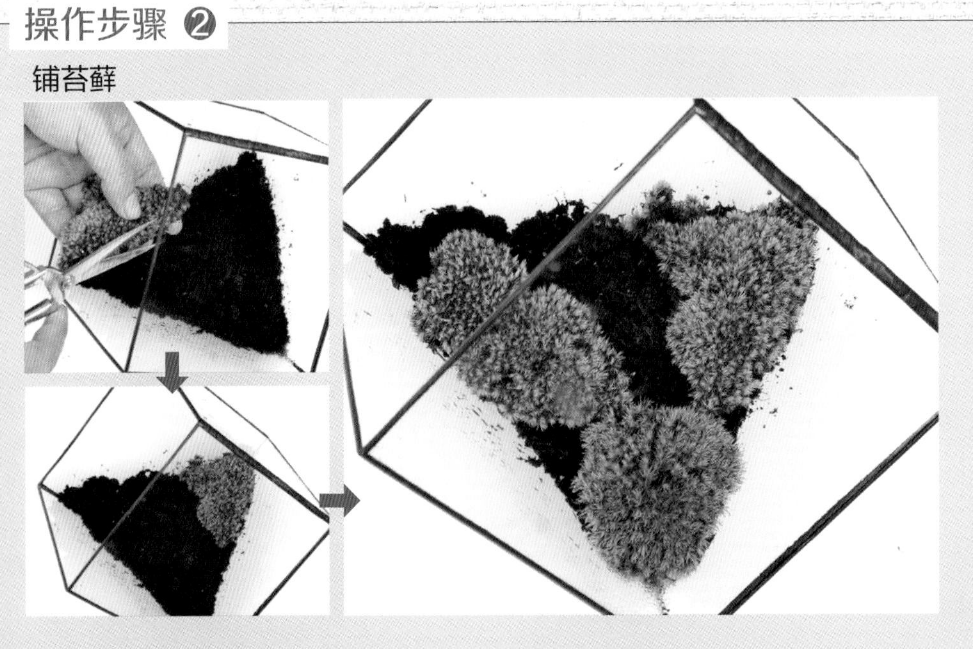

用剪刀将苔藓剪成需要的大小，在三角形的一边铺上一块，再铺上两块，呈如图所示形状。

操作步骤 ❸

放植物

将红艳网纹草找一个合适的位置摆放，合适的话再用镊子将植物固定在位置上，一边一个红艳网纹草固定住。

再挑选一个大的白天使网纹草将其放在中间位置固定，寻找合适的位置种上一棵挺拔的罗汉松。

用小铲子挖好洞，将罗汉松种好，因为罗汉松植株较高，所以将罗汉松种在最后面，这样就不会影响前面的视线了。

操作步骤 ④

摆放玩偶

将事先准备好的小房子放在最里面，从房子的外层开始铺上一条石板路出来。

操作步骤 ⑤

铺面石

用小勺子在石板路的两边铺上细颗粒，最后用小镊子将铺上的颗粒整理好，如果勺子内的颗粒不小心落到苔藓上，可以用小镊子夹出。

操作步骤 ❻

摆放玩偶后期养护

继续将可爱的小人摆在石板路的最前面，给人营造出丰富生动的感觉。

然后用小刷子将植物表面的灰尘轻轻扫去。

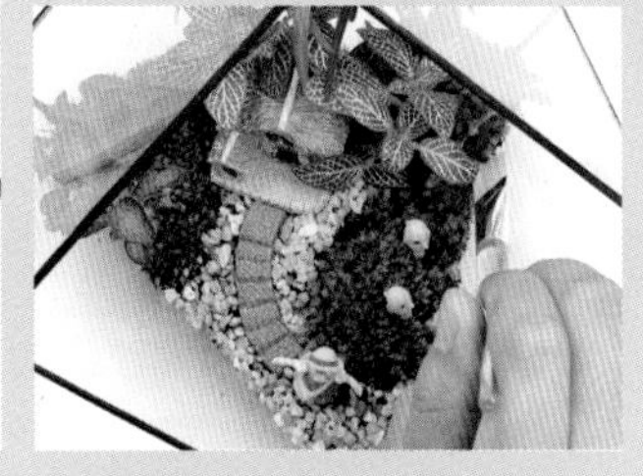

还可以用小刷子将玻璃容器表面的灰尘轻轻扫去。

给微景观添加完玩偶后，微景观就制作完成了。

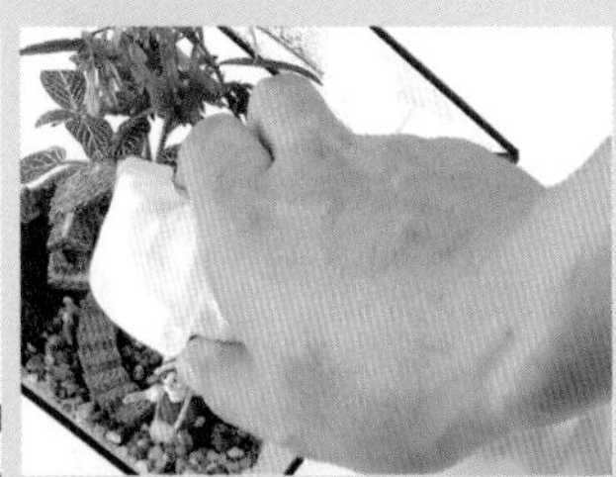

可以根据瓶内的湿度，适当地用喷水器给植物的表面增加一些水分。

养殖过程中可以给土壤加一些营养液。

时空魔法球

带有穿越时空魔法的力量

精致的时空魔法球，
带你感受不一样魔法的力量，
不同的搭配、不同的构思，
让苔藓微景观展现不同的风采。
动手吧，让小世界丰富起来！

前期准备

培养基质 | 1. 棕色轻石 2. 水苔 3. 培养土

铺面装饰 | 4. 蓝石英砂 5. 粗黄石子 6. 玩偶

植物 | 7. 苔藓 8. 红艳网纹草 9. 卷柏珊瑚蕨 10. 彩霞网纹草 11. 垂叶榕

工具 | 12. 喷壶 13. 耙子铲子 14. 吸耳球 15. 镊子 16. 刷子 17. 小勺 18. 长镊子

微景观中的玩偶

房子

带有复古韵味的烟囱房子

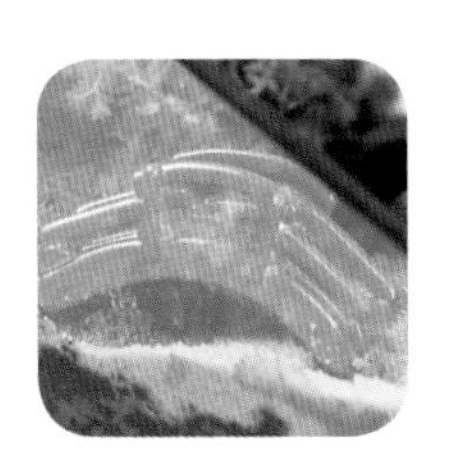

小桥

仿自然的小桥

小熊猫

隐藏在树林中玩耍的小熊猫

制作过程简介

在制作苔藓微景观前，选择容器时就要想好如何搭配构图。首先在格局布置上，先列出样式；然后是色彩搭配上，最好丰富而不花杂，以绿色为主，用其他颜色点缀即可；最后容器在使用前一定要经过消毒处理，并清洗干净才能使用。

操作步骤 ①

铺底

用小耙子将事先备好的鹿沼土铺到玻璃容器中，细细铺上一层即可，大概不到 1 厘米。

铺水苔

将购买回来的水苔掰成一片一片，用镊子将水苔铺到颗粒石上，用镊子整理，厚度要均匀，铺好后用浇水器将水苔喷湿喷水后将水苔压平到容器底部，要保证水苔均匀。

铺培养土

搅拌搭配好的培养土，并去除土中的一些杂质。用小铲子将培养土铺到玻璃容器中，把容器最顶部对应的下方土壤铺得厚一些。

操作步骤 ❷

种植物

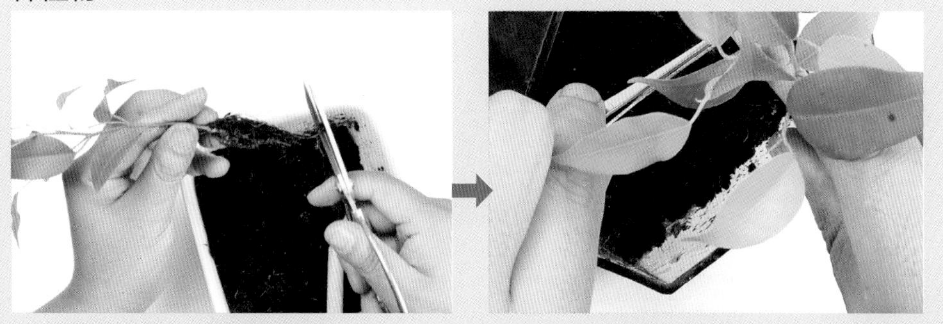

选择垂叶榕将其过长的根须进行修剪。将最大的垂叶榕先种进容器中间土壤较厚的区域，有利于垂叶榕的存活。

可先用小铲子在土较厚的中间挖一个小坑，然后将垂叶榕种进去，如图所示。

再用镊子种上较小的红艳网纹草，将植物种在垂叶榕旁边即可，使其与垂叶榕形成高低的层次感，也为微景观增加一些色彩。

试着换换这些植物

柳叶椒草

皱叶椒草

金枝玉叶

操作步骤 ③

铺苔藓

养殖小贴士

在放苔藓的过程中，可能需要用到剪刀等工具，苔藓的大小可以根据容器和事先构思的形状来选择，尽量做到物尽其用。

用镊子将小片苔藓放到玻璃容器中，整理苔藓，用小刷子将苔藓上的灰尘清除干净，用剪刀修剪苔藓，剪出想要的形状。将苔藓铺入到容器中，要留出种植物的地方和铺面石的地方，所以铺苔藓心中要有微景观的整体构图轮廓。

操作步骤 ❹

摆放玩偶

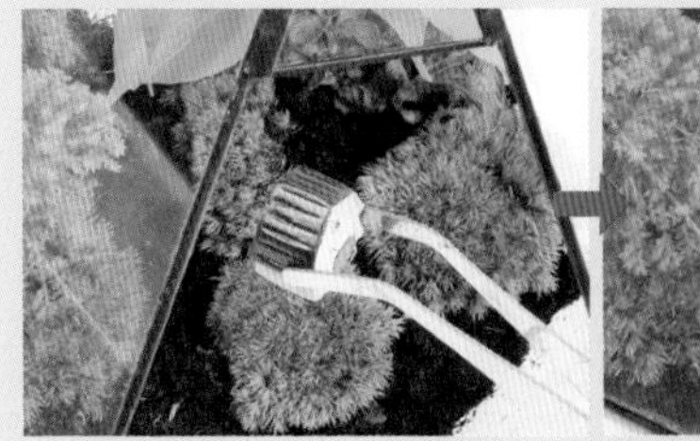
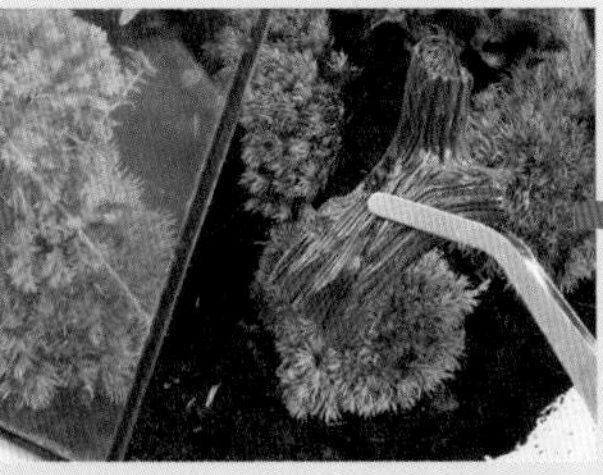

用镊子将小房子摆件放到玻璃容器中最里面的位置。再将树根玩偶摆放到容器中事先预留的苔藓缝隙中，这个缝隙要制作河流效果。最后将小烟囱房子摆放到垂叶榕的旁边。

操作步骤 ❺

铺面石

在小烟囱房子门口铺上粗黄石子，呈一条小路，用蓝石英砂制作河流的效果如图所示，铺蓝石英砂的时候要注意，不要撒到已经布置好的景物上。再用小勺将蓝石英砂铺到微景观中，预留河流空白处。

尝试换换这些铺面石

彩砂

黑沙

青龙石

操作步骤 ❻

继续摆玩偶

将一些色彩艳丽的小树摆放在房子的周围，摆好后在蓝石英砂上放上复古的廊桥。

操作步骤 ❼

后期养护

可以根据瓶内的湿度，适当地用喷水器给植物的表面增加一些水分。

养殖过程中可以给土壤加一些营养液。

给微景观添加完玩偶后，微景观就制作完成了。

蓝色海洋时光

漫步在沙滩中惬意安详

想要创造一个迎向大海的风景画，
这里有沙滩、有海洋、有花草。
不需要太过复杂的装饰，
但也能让人一见倾心，
让美好的景观停留在这个微型世界里。

光照 | 可接受半日照
温度 | 适温为 15~24℃
浇水 | 每个星期浇水一次，见干见湿

前期准备

培养基质 | 1. 轻石 2. 水苔 3. 培养土

铺面装饰 | 4. 雨花石 5. 蓝石英砂 6. 装饰石 7. 玩偶

植物 | 8. 苔藓 9. 虎刺梅

工具 | 10. 喷壶 11. 耙子、铲子、刷子 、小勺、剪子、镊子 12. 吸耳球

微景观中的玩偶

小怪物

这是外星球来的小怪物吗?

龙猫

可爱的龙猫在沙滩上玩耍

装饰石

装饰石摆放在蓝石英砂中模仿水中突石

制作过程简介

一个完美的苔藓微景观，布景是非常重要的，本案例中，树木、沙滩、卵石、玩偶等共同布景呈现出一幅生动的画卷。在制作前，可以在稿纸上先设想摆件位置结构，哪些结合在一起更加富有新意等等，再动手制作。经过合理的设计制作出来的苔藓微景观将更加吸引人。

操作步骤 ❶

铺底

养殖小贴士

水苔是纯天然的产品，用来作植物养护能减少病虫害的发生。它的保水性和排水性都非常好，同时具有极佳的通气性，且不会腐败，能长久使用。

用小耙子将颗粒土铺在最底下一层，再在上面铺一层水苔，并喷水浇湿。将水苔压平，均匀地分布到容器的底部，最后再铺上一层培养土。

操作步骤 ❷

种植物铺苔藓

用小铲子在容器偏中间土壤中挖出一个小洞，种上虎刺梅。再在虎刺梅旁边种上红网纹草。

再根据格局铺上一层苔藓，观察苔藓如果太干可以用喷壶浇水到苔藓上。

试着换换这些植物

文竹

斑纹椒草

垂叶榕

操作步骤 ❸

放石头铺面石

在裸露的土壤上铺上一层蓝石英砂，制作水面效果，并用雨花石点缀到蓝色的水面上，丰富微景观的视觉效果。

试着换换这些铺面石

红沙

溪石

千层石

操作步骤 ❹

摆放玩偶

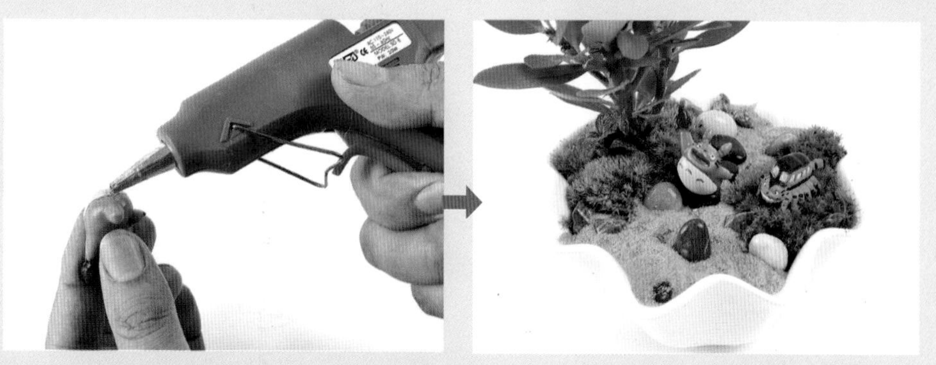

用胶枪在龙猫玩偶的底部打上胶，并快速地将其摆放到微景观中的雨花石上，以免胶水干了，粘不到雨花石上。然后将怪物玩偶摆放到龙猫一侧的苔藓上。

操作步骤 ❺

后期护理

将所有玩偶摆好后，微景观就制作完成了。

可以根据空气的湿度，适当用喷水器给植物的表面增加一些水分。

养殖过程中可以给土壤加一些营养液。

养殖小贴士

案例中用到虎刺梅，所以在后期的养护中需要对其进行必要的养护。虎刺梅喜温暖、湿润的环境，适合用疏松的土壤养护，在冬季温度低时，会出现短时期的休眠现象，在休眠期间减少浇水即可。

海洋漂流瓶

大海中驶回的船只

横放的玻璃容器，
就像一个漂流瓶，
漂流瓶中有一片深蓝的海洋，
海洋中，
一艘轮船正在驶回港湾。

光照 | 喜阴不可直射阳光
温度 | 适温为 18~23℃
浇水 | 每一个月左右浇水一次，夏季多喷雾

前期准备

培养基质 | 1. 鹿沼土 2. 水苔 3. 培养土

铺面装饰 | 4. 白石英砂 5. 蓝石英砂 6. 玩偶 7. 千层石

植物 | 8. 苔藓 9. 卷柏珊瑚蕨 10. 虎刺梅 11. 白脉椒草 12. 白天使网纹草

工具 | 13. 喷壶 14. 耙子铲子 15. 吸耳球 16. 镊子 17. 刷子 18. 小勺 19. 长镊子

微景观中的玩偶

小狗

这是在岸上玩耍的小狗

轮船

这是驶回港湾的轮船

海螺

这是静静躺在海边的海螺

制作过程简介

由于容器的瓶口较小，深度较深，因此在操作时可能不是很方便，很多的情况需要借助工具来完成，最好先完成瓶子最深处的部分，再制作靠近瓶口的部分，按照从里到外的顺序来进行。

操作步骤 ❶

种植苔藓

将少量鹿沼土颗粒铺在玻璃容器的底部，将颗粒土铺至一厘米左右的高度即可，在颗粒土的上方放入一块大一些的千层石。

养殖小贴士

选择的千层石要考虑石头和瓶子的大小比例，也要能方便放进容器内。摆放千层石的时候要小心，因为玻璃瓶很容易刮伤和破裂，最好能用手将石头摆放进去，然后再调整石头的造型。

将水苔稍稍浸湿后用手将其拧干，将拧干的水苔放在鹿沼土的上方、石头的周围。然后在水苔的上方铺入培养土。

操作步骤 ❷

种植植物

在瓶子的最里面种入卷柏珊瑚厥，并铺上苔藓，用浇水器冲洗玻璃壁上的杂土，并润湿下方的培养土，继续在瓶内种入白天使网纹草，并铺上苔藓。

在瓶内种入白脉椒草，并用小铲子将少量培养土铺在植物根部周围。用小铲子将培养土铺在千层石的最上方，然后将苔藓种在上面。

操作步骤 ❸

添加装饰铺面石和玩偶

向玻璃瓶内铺入蓝色和白色石英砂，制作大海和海滩的效果。将小船、鲸鱼和海螺放进微景观中，来点缀海景，将小熊放进微景观中的千层石上，并用刷子将千层石上的杂乱石英砂扫去。

操作步骤 ❹

种植后护理

摆放完玩偶后，这样微景观内部的制作就全部完成了。

可以根据瓶内的湿度，适当地用喷水器给植物的表面增加一些水分。

养殖小贴士

培植苔藓不需要特别的土壤，一般土壤都可存活，也不需要特别施肥。室内观赏时应放在通风且明亮的位置。一定要保证通风，但风速不能太大。

一杯绿色

阳光透过像是在畅游仙境

杯中的植物不甘寂寞，
破土而出，
把脑袋探出杯外，
迫不及待地想要看看杯外的世界，
植物上的小虫也顺势而出，
一切都显得那么真实，那么生动！

前期准备

培养基质 | 1. 鹿沼土 2. 水苔 3. 培养土

植物 | 5. 苔藓 6. 狼尾蕨 7. 小火焰网纹草

铺面装饰 | 4. 玩偶与石块

工具 | 8. 喷壶 9. 耙子铲子 10. 吸耳球 11. 长镊子 12. 刷子 13. 小勺

微景观中的玩偶、石块、灯

小白兔

这是可爱的小白兔

石块

这是微景观中的石块造型

灯

这是微景观上方的灯

制作过程简介

这是一款圆柱形的玻璃容器，操作时可能不是很方便，要多借助工具来帮忙，制作的时候要细心并且有耐心，平时可以不用加盖子，需要补光的时候可以通过盖子上的灯光来进行。

操作步骤 ❶

铺底

在容器的底部铺一层鹿沼土颗粒，将准备好的斧劈石插入颗粒土中。在颗粒土的上方植入干燥的水苔。用浇水器湿润水苔，并将水苔均匀压实在石块的周围。向容器中倒入培养土，用浇水器冲洗玻璃容器壁上的杂土，并让土壤湿润起来。

养殖小贴士

浇水对苔藓来说，除了补充水分之外，还可以带走积蓄在土里的废弃物质，让土壤更洁净。所有植物都是一个原则：每次浇水都要浇透，苔藓也不例外。

操作步骤 ❷

种植物

先选择狼尾蕨种植在石头的后面，选择狼尾蕨大小要与容器相匹配，不能太高也不能太低。种完植物后检查植物根部是否稳固，然后将小火焰网纹草种入容器内。

试着换换这些植物

垂叶榕

白天使网纹草

袖珍椰子

操作步骤 ❸

铺苔藓

将石块和植物周围的裸露培养土的空缺区域用苔藓填满。

养殖小贴士

适合苔藓生长的环境和适合人居的环境非常相似：小环境气候稳定、有一定的湿度、通风透气、适度的光照。它的最佳生活环境是户外或接近户外的环境，最好是朝东南的半阴半阳处。

操作步骤 ❹

摆放饰品

现在就可以将自己挑选的小玩偶放进微景观中了。

养殖小贴士

清晨的露水和微弱的阳光是苔藓们的最爱。很多人以为，苔藓喜欢阴暗潮湿的环境，其实这种看法并不正确。想让苔藓长得好，就一定要给它一定的阳光，但是最好是微弱一些的散射光而非直射的强日光。

操作步骤 ❺

后期养护

这样微景观内部的制作就全部完成了。

养殖过程中可以给土壤加一些营养液。

可以根据瓶内的湿度，适当地用喷水器给植物的表面增加一些水分。

养殖小贴士

建议条件允许下每天适当开盖通风，1 ~ 2 小时为佳，保持一定的通风，可以有效防止苔藓和瓶内植物过度闷湿引起发霉腐烂情况。南方环境湿润地区有经验的朋友可以后期尝试开盖养护。

操作步骤 ⑥

装灯

养殖小贴士

给苔藓浇水还要选择恰当的时间，清晨为佳，切忌在较高温度的阳光下浇水。至于什么时候浇水，可以通过观察苔藓的生长状态来决定，主要是观察苔藓的“芽”是否饱满，是否有新芽绽出，颜色是否偏黄。

将灯上面的黑色盖子旋开，电池装入盖子内，这里用到的是七号电池，一共需要安装三节电池。将盖子顶部的双面胶撕开，与原先的玻璃瓶盖粘在一起，用做好的灯盖，盖在玻璃瓶上试试，看看合不合适。

Chapter 07

送给朋友的礼物

亲手制作的苔藓微景观送给朋友是一件令人欢欣鼓舞的事，所以腾出时间来，给你最好的朋友献上一份祝福吧。

海螺姑娘

女孩像大海一般清澈欢快

大家都知道田螺姑娘的故事，
而这里我们制作的是海螺姑娘，
小女孩坐在海边，
玩着海螺，
享受无忧无虑的童年。

前期准备

培养基质 | 1. 鹿沼土 2. 水苔 3. 培养土

铺面装饰 | 4. 蓝石英砂 5. 白石英砂 6. 溪石 7. 玩偶

植物 | 8. 苔藓 9. 小火焰网纹草 10. 白天使网纹草 11. 卷柏珊瑚蕨 12. 冷水花

工具 | 13. 喷壶 14. 剪子 15. 吸耳球 16. 镊子 17. 耙子铲子 18. 刷子 19. 小勺

微景观中的玩偶

女孩

这是坐着看海的女孩

海螺

这是海边的海螺

贝壳

这是海边的贝壳

制作过程简介

这是一款类似圆锥形的玻璃容器，底部宽，顶部狭小，由于开口较小，在种植植物时要注意防止植物折断，容器的顶端有一个圆环，可以将其悬挂起来观赏。

操作步骤 ❶

铺底

将少量鹿沼土颗粒铺在玻璃容器的底部。

养殖小贴士

本案例中的玻璃瓶由于瓶口比较低，靠近盆口的位置基质不能铺得太厚，所以无论是垫底石和水苔都不要铺得太厚，水苔铺完后离瓶口最下方的距离不能少于 0.5 厘米。水苔是很适合苔藓微景观制作的，在使用时，可以同下方操作，先铺好再喷水；也可以将水苔事先用清水泡好后再铺到容器中，两种先后没有区别，均可使用。

用镊子夹取适量干水苔铺在颗粒土上方。用喷壶向水苔适量喷水，使其稍稍湿润。将湿润的水苔均匀地压实在玻璃瓶的底部。

用小铲子将培养土铺在水苔的上方，铺培养土时要前低后高。铺土最高的地方应该在瓶子中间的位置，培养土厚度大概有 3 厘米，用来栽种冷水花。用喷壶向培养土适量喷水，使其稍稍湿润。

操作步骤 ❷

种植物

由于冷水花的根须过长，要用剪刀进行适当修剪。用镊子将冷水花栽入瓶子中间位置的培养土中。瓶子中间虽然高，但是比较窄小，所以种完植物后，应该将叶子整理一下，使其更加舒展。

将卷柏珊瑚蕨种在冷水花的后面，卷柏珊瑚蕨的根比较软而多，种的时候要用镊子将根系捏住植入土中，然后压实土壤。

在卷柏珊瑚蕨的周围种一些苔藓来给珊瑚蕨定形，用镊子夹取小火焰网纹草的根须将其种在冷水花的前面，将苔藓铺在容器的一侧。

养殖小贴士

小火焰网纹草和卷柏珊瑚蕨茎比较脆，植入土中和压实土壤的时候要注意力度，不要将植物的茎折断。

尝试换换这些植物

常青藤

星光垂榕

红艳网纹草

操作步骤 ❸

摆放石头铺设苔藓

用镊子将较大的一块溪石摆放在冷水花的右侧，在选择溪石时要选造型感比较强一些的。

继续铺设苔藓种植物，给玻璃瓶中的景观布局。

用浇水器冲洗玻璃瓶壁上杂土，顺便给苔藓适量喷水。

操作步骤 ❹

铺面石 摆放玩偶

玻璃瓶前面的空间，我们选用蓝色和白色的石英砂铺设，来营造海滩的感觉，再选用一些小溪石进行点缀。

在白石英砂的上方放入一些自己喜欢的小玩偶。

尝试换换这些铺面石

黄沙

黑石子

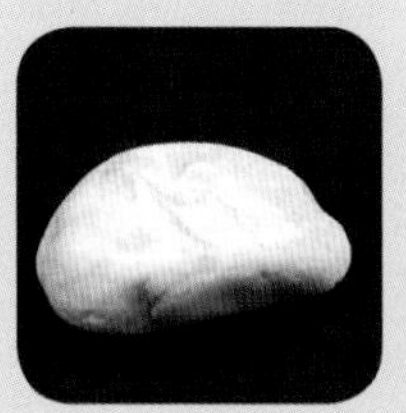

白玉石

操作步骤 ⑤

后期处理

给微景观添加完玩偶后，微景观就制作完成了。

接着用浇水器给微景观植物适当地补充些水分。

养殖小贴士

由于区域环境差异性以及个人养护习惯不同，故养护方法没有准确的数据，要根据各自的特点合理调控瓶子内部的湿度、光照以及温度等条件。

荷塘夜色

欣赏夏季荷花盛开的景象

夏季来临，
荷塘中的荷花盛开，
到了夜晚，
青蛙也爬了出来，
蹲在荷叶上静静地休息。

前期准备

培养基质 | 1. 鹿沼土 2. 水苔 3. 培养土

铺面装饰 | 4. 绿石英砂 5. 翠绿石英砂 6. 白石英砂 7. 玩偶

植物 | 8. 苔藓 9. 狼尾蕨 10. 卷柏珊瑚蕨 11. 小火焰网纹草

工具 | 12. 喷壶 13. 耙子铲子 14. 吸耳球 15. 镊子 16. 刷子 17. 小勺

微景观中的玩偶

荷花

这是盛开的荷花

青蛙

这是休息的青蛙

瓢虫

这是草地的瓢虫

制作过程简介

这是一款椭圆形的玻璃容器，整个微景观的色彩只有红色和绿色两种，绿色的青蛙、狼尾蕨和彩沙，红色的网纹草和荷花，简单的色彩更能符合夏季给人带来的感觉。

操作步骤 ❶

铺底

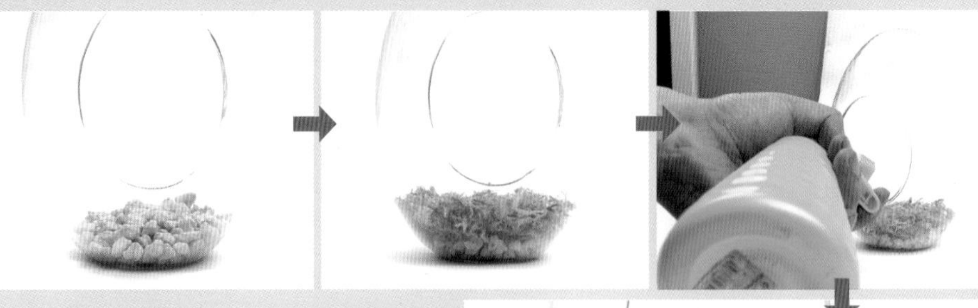

养殖小贴士

本例中玻璃容器不是很高，但要种狼尾蕨，还是可以的。因为狼尾蕨根系比较柔软不需要太厚的培养土，所以铺设培养土要注意控制土壤的高度，保证1 ~ 2厘米即可，这样就能保证植株上方有足够的空间。

将少量颗粒土铺在玻璃容器的底部。用镊子夹取适量干水苔铺在颗粒土上方。用喷壶向水苔适量喷水，使其稍稍湿润。在水苔上方铺入培养土。

操作步骤 ❷

铺苔藓种植物

在培养土上种植狼尾蕨，种狼尾蕨的时候要将其狼尾般的茎露在土外面。

狼尾蕨的根须比较柔软，不容易定形，在其周围种上苔藓，这样狼尾蕨就不会倒伏。

在狼尾蕨的旁边栽入小火焰网纹草，并在玻璃瓶左侧的边缘种入卷柏珊瑚蕨，在玻璃瓶左侧边缘再种一些苔藓，不用种得太满，留出适当空隙。

尝试换换这些植物

金枝玉叶

红艳网纹草

白天使网纹草

操作步骤 ❸

铺面石

用勺子取一些绿石英砂铺在玻璃瓶口的空旷位置，并在绿石英砂上，撒一些白石英砂和翠绿石英砂，制作成池塘的效果，在瓶子的后面撒一些翠绿石英砂，并在上面摆放一个瓢虫。

操作步骤 ❹

摆放玩偶

完成了植物的栽植后，开始摆放玩偶。

将青蛙和莲花放进微景观池塘中。

还可以选择一些瓢虫摆放在玻璃瓶侧面。

操作步骤 ❺

后期养护

给微景观添加完玩偶后，微景观就制作完成了，养殖过程中可以给土壤加一些营养液。

可以根据瓶内的湿度，适当地用喷水器给植物的表面增加一些水分。

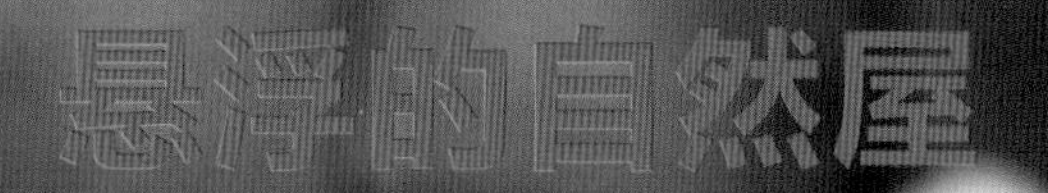

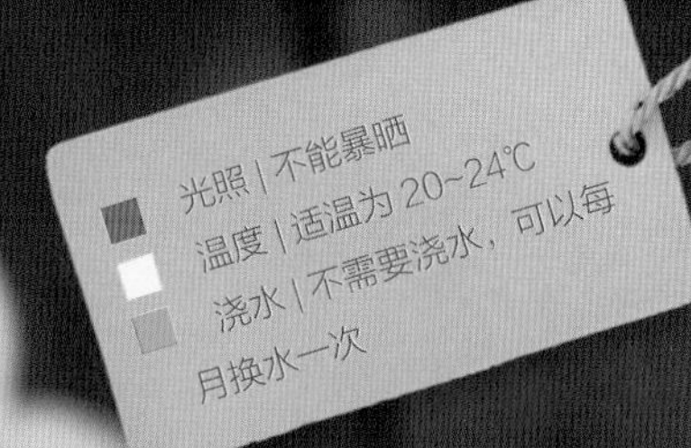

悬浮在石头上的美景

美丽的苔藓微景观呈现在城堡之上，
高低层次分明的土壤结合，
让单调也变得富有感[illegible]，
颜色各异的植物搭配更是得当而美丽。

前期准备

培养基质 | 1. 雨花石 2. 水苔 3. 培养土

铺面装饰 | 4. 蛭石粉 5. 绿石英砂 6. 玩偶

植物 | 7. 苔藓 8. 罗汉松 9. 白脉椒草 10. 小火焰网纹草

工具 | 11. 喷壶 12. 耙子、铲子、镊子、刷子、小勺、剪子 13. 吸耳球

微景观中的玩偶

房子

可爱的世外桃源房子

熊猫

可爱的熊猫使景观增加了一些生气

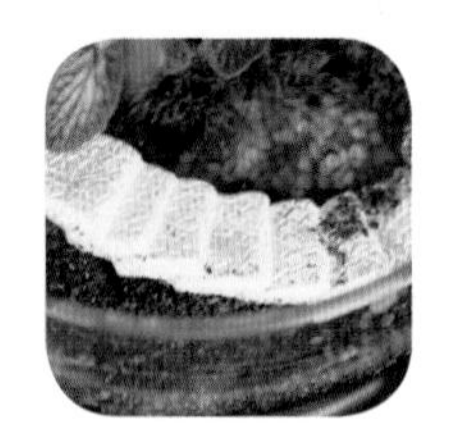

台阶

这是通往房屋的阶梯

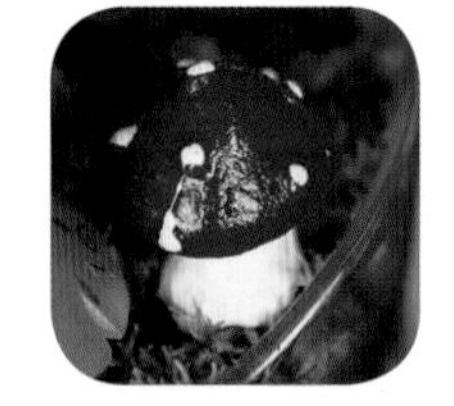

小蘑菇

隐藏于丛林的小蘑菇

制作过程简介

悬浮的自然屋里，最特别的就是底层铺上了一层小鹅卵石，具有美观的作用，使苔藓微景观更具有客观性。在制作的过程中，需要准备大小差不多的鹅卵石，清洗干净后才可使用，放进玻璃杯中时要小心，不要用力过猛而损坏玻璃杯。

操作步骤 ❶

铺底石

准备好玻璃杯，如图所示，具有两部分，在底层铺上一层鹅卵石。

第二层开始铺水苔，水苔的高度控制在 0.5 厘米左右，如图所示。

再平整地铺上一层培养土，其高度在 1 ~ 2 厘米。

操作步骤 ❷

种植物

用浇水器向表面喷洒水，喷洒要均匀，当看到培养土都湿润了即可。

用手在土壤中挖一个小洞，手指挖洞有一个好处就是能感触到土壤的底部水苔，当手指触摸到水苔，即可将罗汉松种入土壤中，注意罗汉松的高度要保证玻璃容器的盖子能盖上。然后在罗汉松的后面种上小火焰网纹草和白脉椒草，再在罗汉松前面种上一株小火焰网纹草，种好后的植物层次和颜色分明。

尝试换换这些植物

冰水花

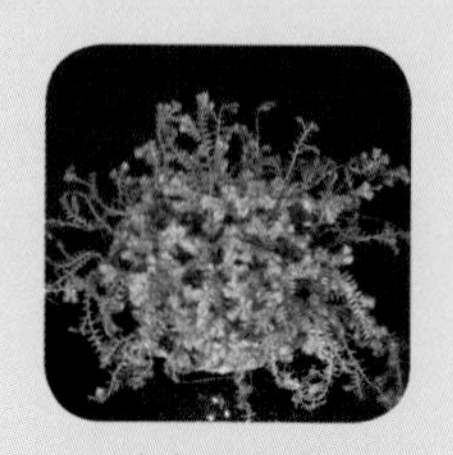

卷柏珊瑚厥

白天使网纹草

养殖小贴士

苔藓可以略带薄土进行铺设，一般不建议对苔藓进行水洗，表面干燥的苔藓直接铺设，这样铺设好的苔藓盆面比较饱满。当然个别需要表现清雅意境的盆景除外。

大的植物种好后，再用镊子将苔藓铺设在植物周围，如果发现苔藓太干可以向苔藓上喷水，继续沿玻璃容器边缘铺设苔藓，只要将玻璃瓶正面留出，用来铺面石即可。

操作步骤 ③

铺面石

用黄色的小石子和绿石英砂铺满玻璃容器正面的空隙处。

操作步骤 ❹

摆放玩偶

摆上事先准备的玩偶，可以用毛刷清理玩偶阶梯上的石子。

在玻璃容器的左侧摆放房子和阶梯。

在房子的右侧摆放熊猫和蘑菇。

操作步骤 ❺

后期护理

养殖过程中可以给土壤加一些营养液。

可以根据瓶内的湿度，适当地用喷水器给植物的表面增加一些水分。

给微景观添加完玩偶后，微景观就制作完成了。

养殖小贴士

因为容器能盖住，里面能自有循环供水，所以可以每一个月浇水一次即可，平时偶尔可以开盖给植物透透气。

森林狂想曲

森林中的故事全由你来想象

茂密而丰富的植物，
构成了这幅森林的景观，
而熊出没的加入，
增添了微景观的故事性，
引发人们的想象。

光照 | 喜阴不可直射阳光
温度 | 适温为 18~24℃
浇水 | 冬夏为繁殖期，此时注意多浇水，注意照料

前期准备

培养基质 | 1. 棕色轻石 2. 水苔 3. 培养土

植物 | 8. 苔藓 9. 虎刺梅 10. 白天使网纹草 11. 小火焰网纹草 12. 红艳网纹草

铺面装饰 | 4. 蓝石英砂 5. 细黄石子 6. 玩偶 7. 沉木和雨花石

工具 | 13. 喷壶 14. 耙子、铲子 15. 吸耳球 16. 镊子 17. 小勺 18. 刷子

微景观中的玩偶

熊大

微景观中的熊大和松果

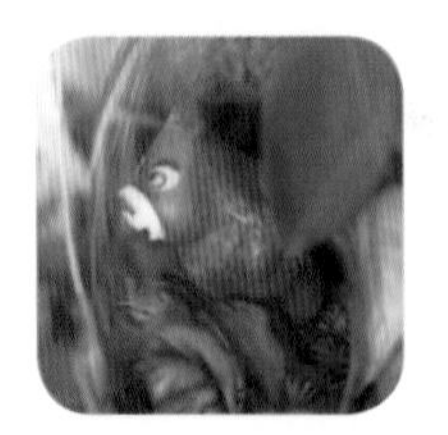

熊二

微景观后面的熊二

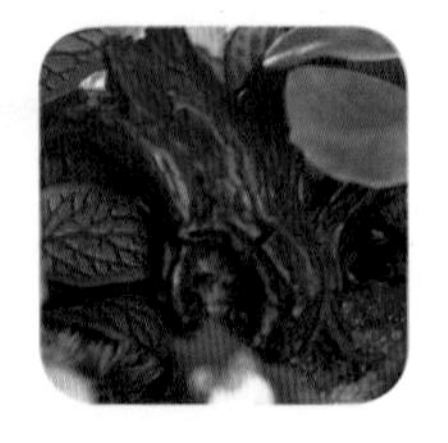

树洞

森林里神秘的树洞

制作过程简介

这是一款球形的玻璃容器，非常便于观赏，可以 360 度无死角地看到微景观中的一切。此外，容器的顶部有一个圆环，除了摆放在平面上观赏外，还可以悬挂起来观赏。

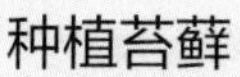

养殖小贴士

湿润状态下的苔藓需要小心呵护，避免短时间内温、湿度剧烈变化，避免重复忽干忽湿，避免暴露在过热的阳光、冬季干冷的空气或空调风口下，否则活动状态中的苔藓细胞很容易受损。

在容器的底部铺一层棕色轻石。由于瓶口比较低，靠近盆口的位置基质不能铺得太厚，将干燥的水苔放在颗粒土上，用喷壶给水苔适量喷水，使其稍稍湿润，浇水后将水苔压平在玻璃容器的底部，将培养土铺在水苔的上方，并保证前低后高。

操作步骤 ❷

种植植物

如果发现苔藓表面不是太干净，可以用小刷子将苔藓清理干净，然后将苔藓铺入容器内。在本例中是从里往外一边种植物一边铺苔藓的，此容器内种入植物可以先将高大一点的虎刺梅种进去，如果后种虎刺梅就比较麻烦，容易破坏容器内已经种好的植物。

操作步骤 ❸

添加装饰铺面石

在玻璃容器中间用小勺铺设蓝石英砂，制作河流效果，并在河流的旁边摆放沉木，在河流上摆放木桩，在玻璃瓶口铺设一些细黄石子。

操作步骤 ❹

摆放玩偶后期护理

将玩偶熊大和松果摆放到玻璃瓶口，为了保证微景观后面也有风景，我们将熊二放在微景观的背面。

养殖小贴士

本微景观是玻璃圆形瓶，所以在制作时，构图一定要好，要保证不同角度的观赏效果。

摆放完玩偶，此时微景观就制作完成了。

养殖过程中可以给土壤加一些营养液。

可以根据容器内的湿度，适当时用喷水器给植物的表面增加一些水分。

西游三人行

微景观中的取经之旅

“白龙马，蹄朝西，
跟着唐三藏和那三徒弟……”
这款微景观就是为了致敬经典名著，
和纪念儿时记忆中的《西游记》。

前期准备

培养基质 | 1. 棕色轻石 2. 水苔 3. 培养土

铺面装饰 | 4. 蓝石英砂 5. 绿石英砂 6. 翠绿石英砂 7. 细黄石子 8. 玩偶与雨花石

植物 | 9. 苔藓 10. 红艳网纹草 11. 小火焰网纹草 12. 白天使网纹草 13. 卷柏珊瑚蕨 14. 虎刺梅 15. 星光垂榕

工具 | 16. 喷壶 17. 耙子、铲子 18. 小勺 19. 吸耳球 20. 长、短镊子 21. 刷子

微景观中的玩偶

唐僧

这是西游记中的唐僧

悟空

这是西游记中的孙悟空

八戒

这是西游记中的猪八戒

沙僧

这是西游记中的沙僧

制作过程简介

这是一款以玻璃材质为主、带有金属边框的容器，由于容器的形状不利于摆放在平面上观赏，因此可以借助顶部的一个圆环，将其悬挂在阳台、墙角等处观赏。

操作步骤 ❶

铺底

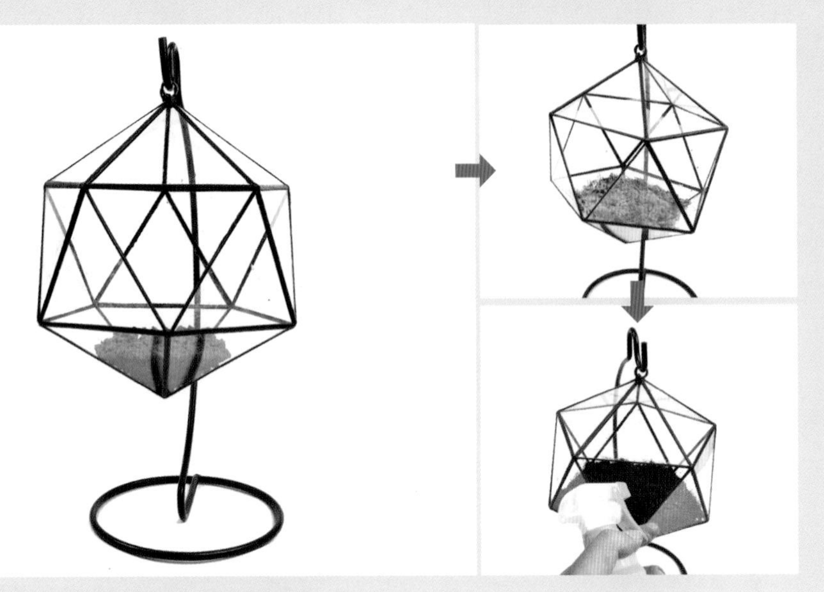

将少量棕色轻石颗粒铺在容器底部，颗粒土铺至一厘米高左右即可。将水苔稍稍湿润后铺在颗粒土上方，在水苔上方铺培养土，并用喷壶将其稍稍湿润。

操作步骤 ❷

种植植物

先将小火焰网纹草种植在玻璃容器的后面，再在网纹草两边种上卷柏珊瑚蕨，然后在容器的中间种入星光垂榕，星光垂榕的根比较长，所以种植土要保证 2 厘米厚左右。

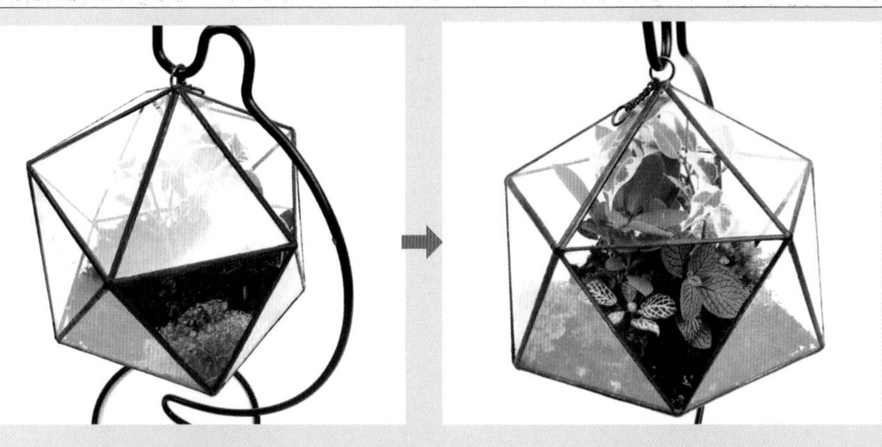

种完星光垂榕后，要先用细黄石子铺在后面的珊瑚蕨下面，然后继续在容器中种入虎刺梅、红艳网纹草和白天使网纹草，如果先种植物的话，后面卷柏就不好铺面石了。

尝试换换这些植物

袖珍椰子

小火焰网纹草

垂叶榕

操作步骤 ❸

添加装饰铺面石和玩偶

在培养土表面空隙处铺上绿色、蓝色、翠绿色石英砂，铺好后的效果就像图中这样。

操作步骤 ④

添加装饰铺面石和玩偶

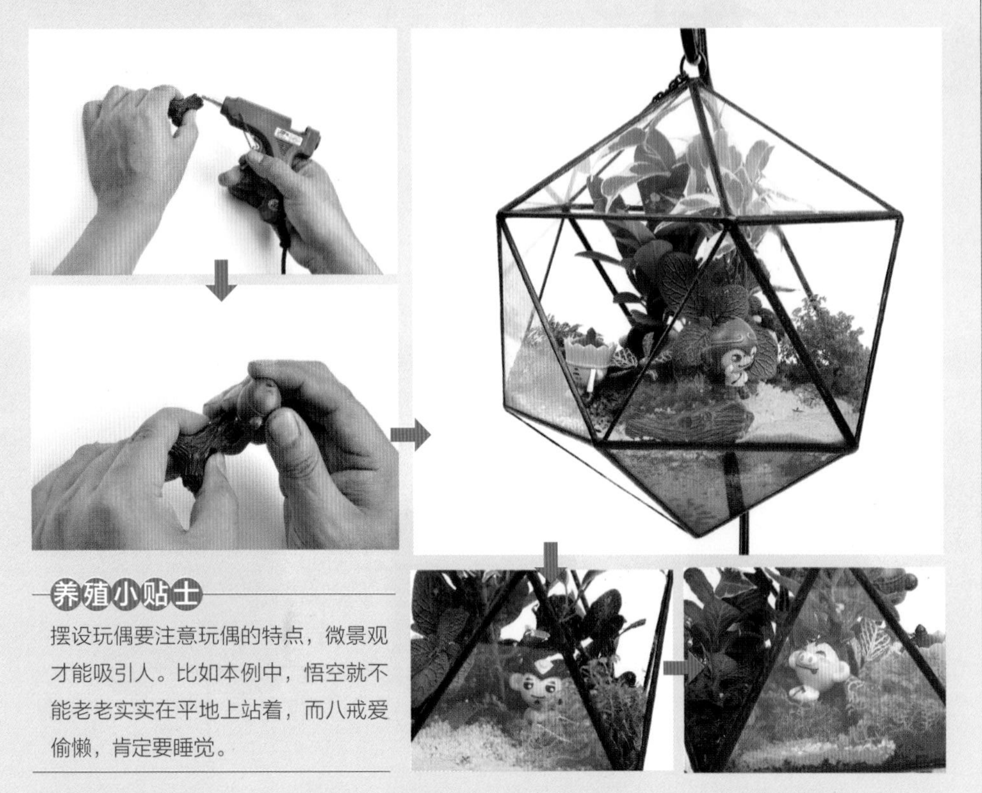

养殖小贴士

摆设玩偶要注意玩偶的特点，微景观才能吸引人。比如本例中，悟空就不能老老实实在平地上站着，而八戒爱偷懒，肯定要睡觉。

用胶枪将胶水喷在小木块上，然后粘上悟空玩偶，然后依次摆放唐僧、沙僧、猪八戒等玩偶。

操作步骤 ⑤

后期护理

可以根据容器内的湿度，适当地用喷水器给植物的表面增加一些水分。

养殖过程中可以给土壤加一些营养液。

Chapter 08

环保循环再利用微景观设计

苔藓微景观不仅是环保的造景盆栽，里面的很多素材如废弃的饭盒、年代久远的木盒等都是废物再利用的。所以动手一起将身边不用的废物再利用设计微景观吧。

惬意秋游旅行

漫步丛林中感受自然气息

用废弃的饭盒装点出最好的盆栽，
在丛林中感受夏天温暖的气息。
小学生们惬意的地在林中嬉戏，
古朴的大桥连接两片土地，
高低错落的树木交相呼应，
来一场与大自然的约会吧！

光照 | 放在半阴处养护
温度 | 适温为 15~30℃
浇水 | 夏季可向植物叶片喷雾，降低温度

前期准备

培养基质 | 1. 棕色轻石 2. 水苔 3. 培养土

工具 | 16. 喷壶 17. 剪刀 18. 吸耳球 19. 镊子 20. 耙子、铲子 21. 刷子 22. 小勺

铺面装饰 | 4. 小鹿沼土 5. 蓝石英砂 6. 细黄石子 7. 雨花石、轻石、溪石 8. 玩偶与沉木

植物 | 9. 苔藓 10. 冷水花 11. 小火焰网纹草 12. 心叶藤 13. 垂叶榕 14. 罗汉松 15. 白天使网纹草

微景观中的玩偶

学生

来秋游的小学生

学生

跨在桥上的学生

兔子

在丛林中玩耍的兔子

制作过程简介

利用一个长方形旧饭盒容器，结合高低不一的树木、可爱的玩偶、蓝色的沙土，营造出一幅学生秋游的场景。在色彩搭配上，利用多种颜色搭配，绘制出一幅多姿多彩的画面；在场景构图上，主体分为两部分，中间用枯木做连接，让场景变得栩栩如生。

操作步骤 ❶

铺底

将准备好的棕色轻石颗粒铺在最底下一层，高度一厘米左右。将湿润的水苔均匀地铺在容器内，在要种植物的区域铺上一层培养土垫底。

操作步骤 ❷

种深根植物

冷水花先用泥土将根部裹紧，这样能让植物更好成活。在盆土中挖好洞后，种上冷水花。如果冷水花底部叶片较多，可以用剪刀剪去一部分。

种好后再往容器内添加一些培养土，制作一个土堆。选一颗高于冷水花的垂叶榕，最好垂叶榕下方没有叶子，如果有可以用剪刀处理一下。然后将垂叶榕种在冷水花的旁边，这样植物会产生层次感。

操作步骤 ③

继续种植物和苔藓

再种心叶藤和白天使网纹草，最好能选一颗藤形好看的心叶藤植株，而白天使网纹草最好植株能低一些。在种好的植株周围铺上苔藓给植物定形，并种一些小火焰网纹草，给簇拥在一起的植株添加一些色彩。

在饭盒的斜对角种上白天使网纹草、小火焰网纹草、罗汉松，也使其簇拥在一起，两堆植物之间，要留出足够的空间。

试着换换这些植物

虎刺梅

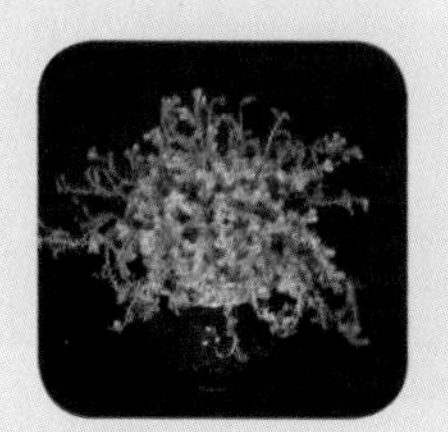

卷柏珊瑚厥

星光垂榕

操作步骤 ❹

摆放石头和枯木

再用一些大的溪石装点，在大鹅卵石的对角线上摆上枯木做桥。

将枯木摆放在饭盒空白处很大的地方。

将溪石摆放在饭盒心叶藤植株一侧的拐角处。

操作步骤 ❺

铺面石

将蓝石英砂铺在饭盒空隙处，制作河流效果。

要将蓝石英砂铺在沉木的下方。

试着换换这些铺面石

黄沙

木化石

彩石

将小鹿沼土铺在心叶藤一侧土堆的空隙处，并将轻石、雨花石布置在沉木的一侧。

在沉木的后面河流中布置雨花石和轻石。

在河流的两岸铺上细黄石子。

继续在河流中铺入蓝石英砂，将雨花石覆盖一些，制作水中石的效果。

继续使用雨花石布置沉木一侧的河流效果。

在沉木河流一侧铺入蓝石英砂，将雨花石覆盖一些，制作水中石的效果。

操作步骤 ⑥

摆放玩偶

将准备好的蘑菇布置在罗汉松的旁边。

将小白兔布置在心叶藤的旁边。

用胶枪在沉木上打上胶水，将小男孩摆放在沉木上，在小女孩的脚下打个塑料钉，插入到小男孩对面的苔藓上。

操作步骤 ⑦

后期养护

给微景观添加完玩偶后，微景观就制作完成了。

可以根据饭盒的湿度，适当地用喷水器给植物的表面增加一些水分。

养殖过程中可以给土壤加一些营养液。

潘多拉的盒子

打开魔盒，让魔法飞出

年代久远的木盒或许失去了最初的用途，
但是它却摇身一变，
成为充满惊喜的潘多拉盒子。
将多肉植物与苔藓搭配，
让魔盒给人惊喜，
将这一盒送给爱人吧！

光照 | 喜温暖阳光充足环境
温度 | 适温为 15~25℃
浇水 | 冬夏两季记得水分适当减少

前期准备

培养基质 | 1. 小鹿沼土 2. 水苔 3. 培养土

铺面装饰 | 4. 白石英砂 5. 细黄石子 6. 玩偶和雨花石

植物 | 7. 苔藓 8. 大和锦 9. 小东云 10. 桃美人 11. 生石花

工具 | 12. 喷壶 13. 耙子、铲子 14. 吸耳球 15. 刷子 16. 镊子 17. 小勺

微景观中的玩偶

青蛙

可爱的青蛙

蝌蚪

出门散步的蝌蚪

雨花石

雨花石与铺面石结合使景观效果不单调

制作过程简介

将多肉植物、苔藓、玩偶搭配在一个木质盒子里，让原本单调的盒子变得丰富多彩。在种植前，要注意植株的搭配，生石花因为生长习性特别，所以不适合与太多的植物放在一起养，但是为搭配需要，配上 1~2 株其他植株也是可以的。

操作步骤 ❶

铺底

养殖小贴士

本案例中主要以生石花为主，所以挑选土壤也以生石花生长所需为主。生石花适合用泥炭土、颗粒土按 1 ：1 比例混合做土壤。

准备好的木盒子，用勺子在底层铺上小轻石颗粒，因为盒子不深要用小轻石，而且小轻石不要铺太厚。在小轻石上面，铺一些适合多肉植物生长的培养土。土壤的量距离顶部一厘米即可。

操作步骤 ❷

种植物

先种大的植物，将大和锦种在盒子的左侧最里面，接着在大和锦斜对面种上三棵生石花，种生石花最好用镊子等辅助工具。

继续再在大和锦旁边和盒子的右下角种上一些生石花。

再将小东云和桃美人种到木盒中，此时所有多肉植物都种好了。

操作步骤 ③

铺苔藓和面石

再在两边的对角线上种上苔藓。

然后在裸露的地面铺上小黄石子和小鹿沼土作装饰。

最后在木盒左侧铺入白石英砂，并布置雨花石。

推荐搭配植物

富士

照波

不夜城锦

操作步骤 ❹

摆放玩偶

铺完砂石后要将木盒周围多余的杂乱砂石扫去。

在白石英砂上摆放一只青蛙玩偶。

在大的生石花旁边摆放粉红色和黄色的蜗牛玩偶。

操作步骤 ❺

后期护理

给微景观添加完玩偶后，微景观就制作完成了。

适当地用喷水器给苔藓的表面增加一些水分。

养殖小贴士

本案例中的多肉植物尤其是生石花不太喜欢水分，所以浇水的时候要注意，不要浇多了。

森林里的城堡

在森林中搭建神秘城堡

路上不经意的一瞥，发现古朴的木块
将其稍加改造[illegible]植物的使者
在木盆中来一次神秘的探险吧！

- 光照｜喜阴不可阳光直射
- 温度｜适温为 18~25℃
- 浇水｜春秋季每周浇水一次即可

前期准备

培养基质 | 1. 小鹿沼土 2. 水苔 3. 培养土

铺面装饰 | 4. 细黄石子 5. 翠绿石英砂 6. 小轻石、雨花石、装饰石 7. 玩偶

植物 | 8. 苔藓 9. 白脉椒草 10. 白天使网纹草 11. 袖珍椰子 12. 卷柏珊瑚蕨 13. 小火焰网纹草

工具 | 14. 喷壶 15. 耙子、铲子 16. 吸耳球 17. 镊子 18. 刷子 19. 小勺

微景观中的玩偶

城堡

隐藏在森林中的城堡

猪猪侠

勇敢的猪猪侠到森林中探险

昆虫

装饰用的小昆虫

制作过程简介

本案例的主体是森林中的城堡，所以首先要注意植物的搭配，一般 3~4 种较大的植物即可构成森林的样子，植物不需要太多，否则不好搭配且会显得杂乱。其次是摆件的选择，既然是城堡，那就需要一个似城堡的样子，所以将城堡隐藏在森林中是很不错的选择。

操作步骤 ❶

铺底

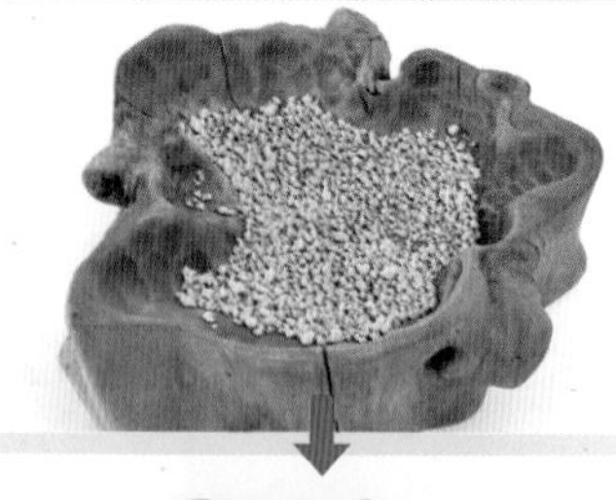

养殖小贴士

木质容器培养植物是非常好的选择，因为木头本身可以蓄水存水，有利于植物的生长，出门的时候将木头容器摆放在盆里，在盆底加 2 厘米厚左右的积水，可以使植物保持很长时间，不用浇水。

准备好废弃的木桩，在木桩底部先铺上一层小鹿沼土颗粒，由于木桩不深所以不要铺太多。再铺上足够量的培养土，用浇水器浇湿土壤。

操作步骤 ❷

制作深根植物

袖珍椰子由于根系过长或者还有一些老根，可以在上盆前剪除。袖珍椰子可以先用土壤将其根系包裹再上盆，因为这样种比直接在木桩上种要方便，也不用考虑给种植的区域加多少土合适。

再选择几株较矮的袖珍椰子植株，用土壤将其根系包裹，摆放在木桩的另一侧。

养殖小贴士

搭配用的植物喜欢温暖、湿润的环境，所以在用土壤包裹植物根部之前，可以先用浇水器将土壤喷湿，稍湿润即可，这样也有利于土壤凝结。

操作步骤 ③

种植物、铺苔藓

袖珍椰子种好后在其旁边种上小火焰网纹草，在两簇袖珍椰子周围都种上，此时一高一矮层次错落，一红一绿色彩丰富，种好后再铺上苔藓。这里需要的苔藓比较多，所以需要准备多一些。

铺上的苔藓最好能将先前种好的植株围绕住，然后再在矮一些的袖珍椰子这边种一株白天使网纹草。

继续在白天使网纹草旁边种一株白脉椒草。

养殖小贴士

种白脉椒草的时候一定要注意，其根系不长较柔软，且叶片离根系较近，所以种植的时候不要将最下面的叶片折断，而且种植好要用苔藓将其定型，不然很容易歪倒，后面我们将会给其定形。

推荐搭配的植物

九里香

彩霞网纹草

星光垂榕

操作步骤 ❹

让苔藓覆盖房子

由于小房子的造型很原始，此时作者突发奇想，想将苔藓覆盖房子，处理成特殊的效果，于是将小房子摆放到两簇袖珍椰子的中间，并拿去房子后面事先铺盖的苔藓，在房子上铺盖培养土。

然后将拿去的苔藓覆盖到房子的上面，并且房子的后面也要铺上苔藓。继续在小房子左右两侧铺设苔藓，并将之前的白脉椒草定形，在小房子的右前方种植苔藓并种上白天使网纹草。

操作步骤 ⑤

养殖小贴士

在摆放黄色装饰石和用轻石制作路沿时，一定要细心地用小镊子一粒一粒地捏轻石和装饰石进行摆放。由于木桩的造型本身就没有规则，所以在制作微景观时，铺设有规则的道路，可以使其与木桩造型形成对比。

在花盆的空隙处摆放上鹅卵石和树根玩偶，来点缀微景观。再到前面，用黄色的装饰石在苔藓周围摆成护栏的形状，细黄石子填补房子后面的空隙处，并在房子门前铺成一条道路，用轻石颗粒摆放成路沿的效果，用翠绿石英砂填补空隙的地方。

操作步骤 ❻

铺设道路摆放玩偶

在小房子的前面摆放一个黑色的猪猪侠，在房子的上面摆放一个蓝色的猪猪侠，并在草地和袖珍椰子上摆放一些瓢虫进行点缀。

在高一点的袖珍椰子周围苔藓上摆放一个小松鼠。

在矮一点的袖珍椰子周围苔藓上摆放一个小松鼠。

操作步骤 ❼

后期养护

给微景观添加完玩偶后，微景观就制作完成了。

可以根据木桩的湿度，适当地用喷水器给植物的表面增加一些水分。

养殖过程中可以给土壤加一些营养液。

小丘中的绿意

呼之欲出的苔藓球

有那么一瞬间，
面对着阳光与温暖，
梦会变成美丽的蝴蝶，
小丘中的绿意袭来，
挡不住便欣然享受。

前期准备

培养基质 | 1. 水苔 2. 苔藓 3. 培养土

植物 | 4. 心叶藤

工具 | 5. 木板 6. 吸耳球 7. 镊子 8. 小铲子 9. 刷子 10. 小勺 11. 喷壶 12. 浇水器 13. 剪刀

制作过程简介

苔藓球制作较为简单，在搭配植物上，一般也只用到一种植物，在植物选择上可以根据自己的喜好来选择。

操作步骤 ❶

准备水苔

家里的木板平时用处不大，但是扔了又挺可惜的，用剪刀将苔藓剪小，再用喷壶将水苔喷湿。

操作步骤 ❷

种植

用剪刀将根系修剪，再用湿润的混合培养土包裹植物根部，呈圆形。

操作步骤 ❸

包裹水苔

将沥干水的水苔覆盖在培养土的外层，双手握紧，使水苔紧实，用棉线缠绕，将所有的苔藓缠绕在一起。

试着换换这些植物

冷水花

袖珍椰子

星光垂榕

将棉线打结绑紧，用镊子将多余出来的棉线塞到里面去。

操作步骤 ❹

准备水苔

在托盘中用四根细的棉线对齐摆成如图所示形状。再将准备好的苔藓正面朝下，有土的一面朝上，铺在棉线上。将包裹好水苔的球放在托盘中，用铺好的苔藓包裹起来。然后用棉线系在一起，将多余的棉线减掉，此时的苔藓球就做好了，可以适当地给苔藓球喷一些水。

养殖小贴士

制作苔藓球的苔藓最好选用成块的薄苔藓，这样容易捆绑，做出的球也比较好看。